电能质量治理
典型案例分析

DIANNENG ZHILIANG ZHILI
DIANXING ANLI FENXI

国家电网有限公司设备管理部　编

中国电力出版社
CHINA ELECTRIC POWER PRESS

内 容 提 要

高品质的电能质量是供用电双方共同的期望。电能质量问题对电力系统运行和用户设备会产生不同程度的影响。为此，国家电网有限公司设备管理部组织编写了《电能质量治理典型案例分析》一书，主要内容包括概述、系统变电站电能质量治理典型案例、配电台区电能质量治理典型案例、新能源发电场站电能质量治理典型案例、电气化铁路及轨道交通用户电能质量治理典型案例、冶金化工及其他非线性用户电能质量治理典型案例，以及含敏感设备的电力用户电能质量治理典型案例7个章节，共29项案例。每项案例均从案例简介、问题分析、技术方案、工程情况、工程应用效果、技术适用场景6个方面进行了详细介绍。

本书可供电网规划设计人员、运维检修人员以及相关电力用户学习使用，也可供大专院校广大师生阅读参考。

图书在版编目（CIP）数据

电能质量治理典型案例分析/国家电网有限公司设备管理部编. —北京：中国电力出版社，2020.4（2020.6重印）

ISBN 978-7-5198-4187-4

Ⅰ. ①电… Ⅱ. ①国… Ⅲ. ①电能–质量管理–案例 Ⅳ. ①TM60

中国版本图书馆 CIP 数据核字（2020）第 022720 号

出版发行：中国电力出版社
地 址：北京市东城区北京站西街 19 号（邮政编码 100005）
网 址：http://www.cepp.sgcc.com.cn
责任编辑：罗翠兰 肖 敏
责任校对：黄 蓓 郝军燕
装帧设计：张俊霞
责任印制：石 雷

印 刷：北京博图彩色印刷有限公司
版 次：2020 年 5 月第一版
印 次：2020 年 6 月北京第二次印刷
开 本：710 毫米×1000 毫米 16 开本
印 张：14
字 数：246 千字
印 数：2001—6000 册
定 价：92.00 元

《电能质量治理典型案例分析》
编　委　会

　　随着能源互联网战略的实施，电网成为能源汇集传输和转换利用中的枢纽，承载了为经济社会发展和人民美好生活提供安全、优质、可持续能源电力供应的社会责任。近年来，风能、太阳能等新能源发电设备，电气化铁路、大容量冶炼等电能消费终端的电力电子化，使得非线性、冲击性、不平衡负荷在电网中广泛分布，产生的电能质量扰动在电网中跨电压等级、跨区域传播，为电网优质供电、高效运行带来潜在风险。与此同时，对供电质量要求更高的高端制造业、数据中心、交通枢纽等大规模建设，电力用户对电能质量的要求和关注与日俱增。

　　电能质量管理是系统工程，全面保障电能质量，既是供电企业的责任，也是用户应尽的义务。供电企业和电力用户应共同加强对电能质量的管理，对影响电能质量或干扰电力系统安全运行的情况，遵照"谁引起，谁治理"的总体原则，按照责任划分，及时采取措施予以消除。国家电网有限公司设备管理部征集并甄选了29项电能质量治理典型案例，涵盖了主要干扰性用户和治理技术，所有案例均已实施完成，并取得良好治理效果，为后续开展电能质量治理工作积累了宝贵经验。

　　本书由国家电网有限公司设备管理部、国网湖南省电力有限公司、国网浙江省电力有限公司、国网四川省电力公司、国网江苏省电力有限公司、国网全球能源互联网研究院有限公司、国网河北省电力有限公司、国网南瑞中电普瑞科技有限公司、国网北京市电力公司、国网山西省电力公司、国网安徽省电力有限公司、国网福建省电力有限公司、国网河南省电力公司、国网天津市电力公司、国网上海市电力公司、国网湖北省电力有限公司、国网重庆市电力公司、国网吉林省电力有限公司、国网陕西省电力公司共同编写。

由于编写人员水平有限，书中难免存在不妥或疏漏之处，恳请广大读者批评指正。

编　者

2019 年 9 月

中 英 文 对 照 表

英文缩写	英文全称	中文全称
FC	Fixed Capacitor	固定电容器
TCR	Thyristor Controlled Reactor	晶闸管控制电抗器
TSC	Thyristor Switched Capacitor	晶闸管投切电容器
MCR	Magnetic Controlled Reactor	磁控电抗器
TCT	Thyristor Controlled Transformer	晶闸管控制（高阻抗）变压器
TSR	Thyristor Switched Reactor	晶闸管投切电抗器
SVC	Static Var Compensator	静止无功补偿器
STATCOM	Static Synchronous Compensator	静止同步补偿器
SVG	Static Var Generator	静止无功发生器
VSC	Voltage Source Converter	电压源换流器
PF	Passive Filter	无源滤波器
APF	Active Power Filter	有源滤波器
HAPF	Hybrid Active Power Filter	混合有源滤波
UPS	Uninterruptible Power System	不间断电源
TS	Transfer Switch	转换开关
STS	Static Transfer Switch	静止转换开关
SSTS	Solid State Transfer Switch	固态转换开关
DVR	Dynamic Voltage Regulator	动态电压恢复器
UPQC	Unified Power Quality Conditioner	统一电能质量调节器
AVC	Automatic Voltage Control	自动电压控制
IGBT	Insulated Gate Bipolar Transistor	绝缘栅双极型晶体管
THD	Total Harmonic Distortion	总谐波畸变率
PWM	Pulse Width Modulation	脉冲宽度调制
kWp	Killo Watt Peak	峰值总功率
IPM	Intelligent Power Module	智能功率模块

1.1　电能质量含义及相关要求

1.1.1　电能质量含义

电能质量是供用电的兼容性问题。从电能的供需角度来看，电能质量概念可延伸为供电质量和用电质量。供电质量的技术内涵主要是公用电网供电电压质量和供电可靠性，用电质量的技术内涵主要是用电或发电设备工作时的电流质量，电流质量与电压质量密切相关。

电压质量主要反映供电企业向用户供电的实际电压与理想电压之间的偏差，可从幅值、频率、相位和波形等维度进行评价。评价指标包括电压偏差、频率偏差、三相电压不平衡度、电压波动与闪变、电压暂降（暂升）与短时中断、电压谐波与间谐波等。

电流质量主要反映用电或发电设备工作时的实际电流与理想电流之间的偏差。除对电力用户取用电流提出频率和正弦波形要求外，还要求其注入电网的电流尽可能与电压相位保持一致，以保持高功率因数运行，提高电能传输与使用效率。评价指标包括电流谐波与间谐波、负序电流、电流相位超前或滞后相位角等。

1.1.2　电能质量相关要求

20 世纪 80 年代至今，国家、行业、团体及供电企业先后发布了多项电能质量相关标准，并通过国家法规、行业规范等形式，维护供用电秩序，保障供用电双方的合法权益。《中华人民共和国电力法》❶《供电营业规则》❷《供电

---

❶《中华人民共和国电力法》，2018 年 12 月 29 日第三次修正。

❷《供电营业规则》，1996 年 10 月 8 日电力工业部令第 8 号发布。

监管办法》❶等明确规定：供电企业应向用户提供合格的电能；用户电能质量不满足相关国家标准要求时，用户应采取治理措施予以消除；对供电质量有特殊要求的用户，其设备的耐受性能应满足相应要求，供电企业应根据其必要性和电网的可能，提供满足定制电力要求的电能。其中与电能质量相关的主要条款摘录如下：

《中华人民共和国电力法》第二十八条规定："供电企业应当保证供给用户的供电质量符合国家标准。对公用供电设施引起的供电质量问题，应当及时处理。用户对供电质量有特殊要求的，供电企业应当根据其必要性和电网的可能，提供相应的电力。"第三十二条规定："用户用电不得危害供电、用电安全和扰乱供电、用电秩序"。

《供电营业规则》第五十三条、第五十四条分别对供电频率和供电电压允许偏差进行了具体规定。第五十五条规定："电网公共连接点电压正弦波畸变率和用户注入电网的谐波电流不得超过国家标准 GB/T 14549—1993 的规定。用户的非线性阻抗特性的用电设备接入电网运行所注入电网的谐波电流和引起公共连接点电压正弦波畸变率超过标准时，用户必须采取措施予以消除。否则，供电企业可中止对其供电。"第五十六条规定："用户的冲击负荷、波动负荷、非对称负荷对供电质量产生影响或对安全运行构成干扰和妨碍时，用户必须采取措施予以消除。如不采取措施或采取措施不力，达不到国家标准 GB 12326—1990❷或 GB/T 15543—1995❸规定的要求时，供电企业可中止对其供电。"

《供电监管办法》第七条规定在电力系统正常的情况下，供电企业向用户提供的电能质量应符合国家标准或者电力行业标准。并且"供电企业应当审核用电设施产生谐波、冲击负荷的情况，按照国家有关规定拒绝不符合规定的用电设施接入电网。用电设施产生谐波、冲击负荷影响供电质量或者干扰电力系统安全运行的，供电企业应当及时告知用户采取有效措施予以消除；用户不采取措施或者采取措施不力，产生的谐波、冲击负荷仍超过国家标准的，供电企业可以按照国家有关规定拒绝其接入电网或者中止供电。"

目前已发布的电能质量相关标准主要包括电能质量指标及限值、设备发射及耐受特性、电力用户接入电网技术要求、电能质量监测（评估）及治理技术要求，以及电能质量技术监督等方面。电能质量主要标准清单见附录 A，主要指标汇总表见附录 B。

---

❶ 《供电监管办法》，2009 年 11 月 20 日国家电力监管委员会令第 27 号发布。

❷ GB 12326—1990 现已被 GB 12326—2008《电能质量　电压波动和闪变》替代。

❸ GB 15543—1995 现已被 GB 15543—2008《电能质量　三相电压不平衡》替代。

1.2 电能质量问题的产生及其危害

1.2.1 电能质量问题的产生

理想状态的电力系统应以恒定频率、正弦波形和标准电压对用户连续供电。在三相交流系统中，还要求各相电压和电流的幅值大小相等、相位对称且互差 120°。但现实中存在的各种干扰因素导致了电能质量问题的产生。主要干扰因素包括以下三个方面：

（1）自然现象及外力破坏的因素，如雷击、风暴、雨雪等，可引起电压暂降（暂升）或短时中断等问题。

（2）电力设备及装置的自动保护正常运行操作的因素，如大型电力设备启停、自动开关跳闸及重合等，可引起电压暂降（暂升）、电压波动或闪变等问题。

（3）非线性、冲击性、不平衡负荷用户接入电网的因素，可引起公用电网产生谐波（间谐波）、电压波动或闪变、电压偏差、电压暂降（暂升）等问题。这类用户按行业划分，主要包括新能源发电、电气化铁路、轨道交通、冶金、化工及其他行业等。典型非线性、冲击性、不平衡干扰设备及其所属行业见表 1-1。

表 1-1　典型非线性、冲击性、不平衡干扰设备及其所属行业分类

所属行业	设备名称	主要影响的电能质量指标
新能源发电	风力发电机组	闪变、谐波（间谐波）、电压偏差
	光伏发电系统	谐波、闪变
电气化铁路及轨道交通	电气化铁路牵引机车	谐波、电压波动或闪变、负序、电压偏差
	有轨及无轨电车、地铁、轻轨	谐波、电压波动或闪变
冶金、化工	交流电弧炉	谐波（间谐波）、电压波动或闪变、负序
	直流电弧炉、精炼炉	谐波（间谐波）、电压波动或闪变
	电热炉	谐波、电压波动或闪变、负序
	中频炉	谐波、电压波动或闪变
	交、直流轧机	谐波（间谐波）、电压波动或闪变
	电解设备	谐波、电压波动或闪变
	电焊机	谐波、电压波动或闪变

所属行业	设备名称	主要影响的电能质量指标
其他（火电厂、机械、公用事业）	变频器	谐波、电压波动或闪变
	电铲、升降机、门式起重机等	谐波、电压波动或闪变

1.2.2 电能质量问题的危害

良好的电能质量是供用电双方共同的期望，电能质量问题对电力系统运行和用户设备均会产生不同程度的影响。对电力系统运行的影响主要体现在电力设备损坏、过热、损耗及噪声增大、继电保护误动、计量失准、通信干扰等方面，对用户的影响主要体现在产品报废、产品不良率上升、精密仪器损坏、生产中断、居民用电异常等情况，造成经济损失和负面社会影响。

1. 谐波问题的危害

谐波问题的危害主要表现在对电力设备及信号方面的影响，可概括为：① 引起变压器和旋转电动机等附加谐波损耗、发热与振动、噪声增大，缩短设备使用寿命，严重时损坏设备；② 增加电力系统中谐振可能性，放大谐波电流或产生过电压，造成电力电容器等设备损坏；③ 对电力系统中的继电保护、自动控制装置产生干扰，严重时引起保护装置误动或拒动；④ 对通信系统产生电磁干扰，降低信号传输质量；⑤ 使电能计量（感应式）误差加大；⑥ 使敏感电子设备不能正常工作，等等。

2. 电压偏差问题的危害

电压偏差是实际电压偏离额定值，出现过电压（偏高）或低电压（偏低）的现象，其危害可概括为：① 使电力系统稳定性降低，损耗增大，电网经济性下降；② 电压偏高可能引起设备过电压，威胁设备绝缘，降低使用寿命；③ 电压偏低可能影响用电设备的正常使用，等等。

3. 电压波动、闪变问题的危害

电压波动、闪变作用时间短，但幅值瞬间波动大，其扰动作用常是脉冲性、重复性或振荡性，其危害可概括为：① 照明灯光闪烁，引起人的视觉疲劳；② 电视机屏幕图像失真、摆动翻滚和亮度变化；③ 电动机转速不均匀、振动、异响，影响产品质量；④ 电子计算机、监测和控制设备等不能正常工作，等等。

4. 三相电压或电流不平衡问题的危害

系统处于三相不平衡时，电压、电流含有大量负序分量，其危害可概括为：① 电动机、同步发电机附加发热和振动，并附加振动力矩使电动机负载能力降低，危及安全运行和正常出力；② 增加换流器设备的非特征谐波电流；③ 引起以负序分量为启动元件的保护和自动设备发生误动；④ 变压器容量利用率下降，产生附加损耗，缩短使用寿命，等等。

5. 电压暂降问题的危害

当输配电系统发生感应电动机启动、系统运行操作、短路故障、雷击等事件时，可引起电压暂降，是一种不可避免的短时扰动问题。其危害可概括为：① 影响敏感用户正常生产，容易产出次品，甚至导致生产中断；② 引起敏感继电保护装置误动，以及由电子计算机控制的敏感装置失灵；③ 波及范围广，一个点的暂降事件可能引起一个区域系统电压整体下降。典型敏感设备及其所属行业分类见表1-2。

表1-2　　　　　　　　典型敏感设备及其所属行业分类

所属行业	典型敏感设备名称
石化生产和煤化工	润滑油泵、液氧泵、高压煤浆泵、烧嘴冷却水泵等变频器和接触器控制的电器设备
火电厂	辅机如给煤机、给粉机、空气预热器、增压风机、凝结水泵、空冷岛冷却风机等负载采用的低压变频器
电解铝行业	整流柜、纯水循环泵、空压机水泵、净化风机等变频器和接触器控制的电器设备
铁合金行业	炉变整流柜、冷却水泵等变频器和接触器控制的电器设备
铜箔行业	整流柜、工业水泵、硫酸铜溶液工业泵等变频器和接触器控制的电器设备
化纤	增压泵、熔体输送泵、聚酯搅拌器、计量泵、侧吹风机、环吹风机、浆料搅拌器、高压氯苯泵等变频器和接触器控制的电器设备，生产线中的 DCS、PLC、计算机等电器设备
半导体制造	排气风机、工艺冷却水（PCW）系统、超纯水系统、空调系统等变频器和接触器驱动的电器设备
芯片制造	光刻机台、炉管机台、生产线控制系统、封装机台、可编程控制器、空压机、冷却机等变频器驱动的电器设备
精密制造	数字机床等变频器驱动的电器设备
汽车零件制造	PLC 生产线、可调速驱动装置等
电子器件生产及组装	冷却控制装置、可调速大型电动机等
印刷与塑料生产	直流驱动的控制器、卷绕机等
其他工业生产	PLC 生产线、直流驱动的机械装置、可调速装置、数字控制装置、可控硅整流器等
通信	服务器、数据中心等
公共及休闲服务	大型体育场馆、大型展览中心及其他重要场馆等使用的钠灯、金属卤化灯
金融	计算机、数据中心等
医院	CT 机、核磁共振、精密手术和检查设备等
铁路、轨道交通、新能源等	变频器、直流驱动电机等

目前，能源行业已颁布针对风电机组、光伏发电站的低电压穿越能力测试标准，并且要求通过低穿测试方可入网，新能源场站电压暂降抗扰能力相对较强。但电力用户对电压暂降防治相对认知不足，电压暂降耐受能力标准要求相对缺失，电压暂降耐受能力较弱。电压暂降防治需要电网、用户及设备厂家建立分层分级的协同防治机制，三方各尽其职，制定暂降防治技术经济性最优方案，尽可能降低暂降影响。

1.3 电能质量治理技术及相关设备

电能质量治理技术是指在电力系统稳定运行前提下，保证供电系统电能质量符合相关标准而采取的各种措施，包括加装控制设备，提高发、输、配电系统的电能质量和可靠性，以及采用控制技术提升电力设备的抗干扰能力等。电能质量治理技术根据其治理目标不同，可分为无功补偿、谐波治理、三相不平衡治理、电压暂降防治以及综合治理技术等。本书案例采用的主要治理技术及相关设备分类如图 1-1 所示。

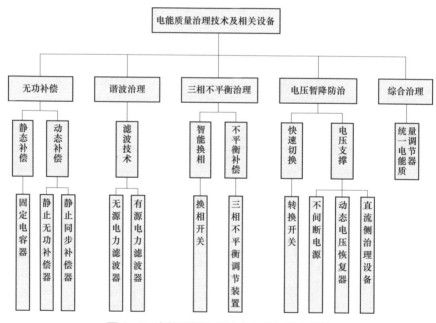

图 1-1 电能质量治理技术及相关设备分类

本书案例采用的典型电能质量治理设备见表 1-3。

表1-3　　　　　　　　　　　　典型电能质量治理设备

指标 ＼ 设备	固定电容器（FC）	静止无功补偿器（SVC）	静止同步补偿器（STATCOM）	无源滤波器（PF）	有源滤波器（APF）	换相开关	三相不平衡调节装置	转换开关（TS）	不间断电源（UPS）	动态电压恢复器（DVR）	直流侧治理设备	统一电能质量调整器（UPQC）
谐波	◎	◎	◎	●	●							●
电压波动和闪变		●	●						◎			◎
电压暂降		◎	◎					●	●	●	●	●
电压短时中断								●	●			
电压偏差		◎	◎						◎	◎		◎
电压不平衡		●	●			●	●			◎		●
功率因数	●	●	●		●		◎					●

注　●表示该设备的主要功能；◎表示该设备可实现的功能。

除上述典型电能质量治理设备外，本书中部分案例还采用了牵引站统一电能质量控制装置（用于某电气化铁路牵引站）、感应滤波集成装置（用于某风电场和电化工厂）、有源电能质量综合调节装置（用于某含分布式光伏的配电台区）、谐波超标预警及管控装置等（用于某变电站非线性负荷用户出线监控）等，相关介绍见具体案例。

1.3.1　无功补偿技术及相关设备

1. 固定电容器（FC）

固定电容器（Fixed Capacitor，FC）并联于交流电网或负荷侧，可提供无功功率、调整电网电压、改善功率因数、降低线路损耗，并可与电感、电阻等组合构成交流滤波器滤除谐波。固定电容器具有设备结构简单、安装维护方便、损耗低等特点，得到广泛应用。

2. 静止无功补偿器（SVC）

静止无功补偿器（Static Var Compensator，SVC）基于电力电子技术及其控制技术，将电抗器与电容器结合使用，能够实现无功补偿的双向、动态调节，结合了各类变阻抗型并联补偿装置的特点，可灵活实现多种补偿功能。

SVC 包括两部分：与负载并联的电抗器或电容器，或二者的组合；可调/可控部分。SVC 主要有以下三种类型：固定电容－晶闸管控制电抗型无功补偿器（FC－TCR 型 SVC）、晶闸管投切电容－晶闸管控制电抗型无功补偿器（TSC－TCR 型 SVC）和机械开关投切电容－晶闸管控制电抗型无功补偿器（MSC－TCR 型 SVC）。典型 SVC 单相原理图如图 1－2 所示。

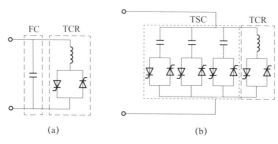

(a)   (b)

图 1－2　典型 SVC 单相原理图

（a）FC－TCR 型 SVC；（b）TSC－TCR 型 SVC

3. 静止同步补偿器（STATCOM）

静止同步补偿器（Static Synchronous Compensator，STATCOM）采用基于全控器件的电压型变流器，通过调节变流器输出电压来控制输出无功，具有输出感性无功和容性无功的双向调节功能，也称为静止无功发生器（Static Var Generator，SVG）；当用于配电系统时，又称为配电静止同步补偿器（D－STATCOM）。

STATCOM 主要功能体现在：维持供电系统电压基本不变，抑制电压闪变；提高供电系统及负载的功率因数，减少功率损耗；提高配电系统的静态和动态稳定性，改善阻尼功率振荡。静止同步补偿器原理图如图 1－3 所示。

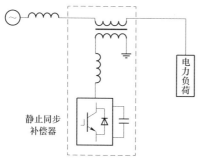

图 1－3　静止同步补偿器原理图

1.3.2　谐波治理技术及相关设备

1. 无源滤波器（PF）

无源滤波器（Passive Filter，PF）利用并联接入点处滤波支路与系统支路的分流原理来实现谐波抑制作用，是电力系统应用最早、最广泛、最成熟的谐波抑制技术。

无源滤波器主要由电容器、电抗器及电阻器构成，在特定次谐波频率附近呈现低阻抗特性，相对于特定次谐波电流表现为短路。当其接入电网后使得特定次谐波电流流入此支路，从而大大减小流入系统的谐波电流，起到谐波抑制目的。若干个不同特定次谐波滤波器并联组成一套滤波装置，可抑制电力系统中产生的主要特征次谐波。其按结构可分为单调谐滤波器、双调谐滤波器及高通滤波器等。目前常见的无源滤波器原理图如图 1-4 所示。

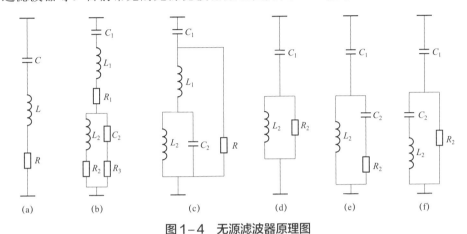

图 1-4 无源滤波器原理图

（a）单调谐滤波器；（b）双调谐滤波器；（c）双调谐带高通滤波器；
（d）二阶高通滤波器；（e）三阶高通滤波器；（f）C 型阻尼高通滤波器

2. 有源滤波器（APF）

有源滤波器（Active Power Filter，APF）是在时域中对非正弦周期电流进行分解后，再进行适当的电流补偿，从而改善系统的电流波形。

APF 可分为串联型 APF 和并联型 APF 两种结构。串联型 APF 通过变压器串联于配电线路中，其滤波器原理是跟踪谐波源电压中的谐波分量，产生与之相位相反的谐波电压，从而隔离谐波源产生的谐波电压；并联型 APF 是最早期的有源滤波器，相当于一个谐波电流发生器，其跟踪谐波源电流中的谐波分量，产生与之相位相反的谐波电流，从而抵消谐波源产生的谐波电流。通过不同的控制作用，可以对谐波、无功、不平衡分量等进行补偿。有源滤波器结构示意图如图 1-5 所示。

3. 混合型滤波器

结合无源滤波器结构简单，成本低，以及有源滤波器动态抑制谐波与无功补偿的优点，混合型滤波技术被提出，且在实际工程中取得了成功应用。目前，三种主要的混合型滤波器的结构形式如下：串联型有源滤波器和无源滤波器并联的方式、并联型有源滤波器和无源滤波器串联的方式、并联型有源滤波器和无源滤波器并联的方式。混合型滤波器结构简图如图 1-6 所示。无源滤波器由多组单调谐滤波器及高通滤波器组成，通过与负载并联，承担主要的谐波治理与无功补偿任务；有源滤波器所需的容量与其单独使用相比大为降低，通过有效控制，改善系统整体性能。

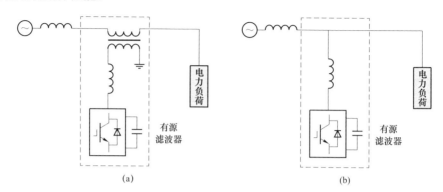

图1-5　有源滤波器结构示意图
（a）串联型；（b）并联型

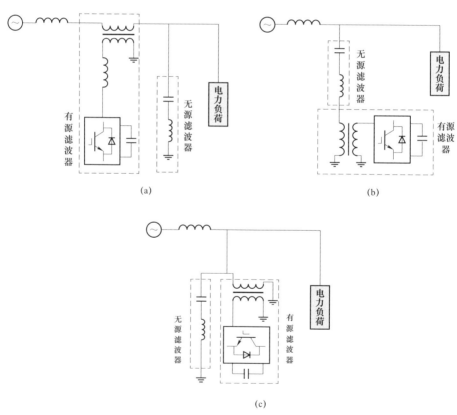

图1-6　混合型滤波器结构简图
（a）串联型有源滤波器和无源滤波器并联的方式；（b）并联型有源滤波器和无源滤波器串联的方式；
（c）并联型有源滤波器和无源滤波器并联的方式

1.3.3 三相不平衡治理技术及相关设备

1. 换相开关

换相开关主要由主控器及换相开关组成,其示意图如图 1-7 所示。主控器是装置的控制核心,其采集配电变压器低压侧总线的三相电流大小和各支路的三相电流后,判断各支路的三相负载不平衡度是否超过设定值。若超过设定值,则根据各换相开关所在相别和实时负载电流大小,通过模拟切算算法计算出最佳切换方案,生成并发出切换指令;各换相开关接收到主控器命令后执行换相操作。

换相开关适用于通过日常运维管理措施难以治理的台区三相不平衡问题。其从根源上调节负荷平衡,不需中断用户供电,但换相时间有一定延迟,适用于无敏感负荷的供电区域。

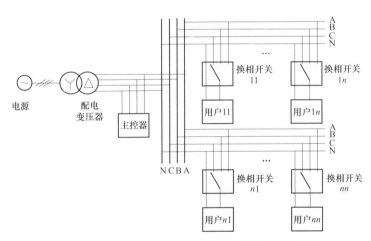

图 1-7 换相开关型三相不平衡调节装置示意图

2. 三相不平衡调节装置

三相不平衡调节装置通过跨接电容实现三相不平衡调节。装置在运行时,会通过外接电流互感器实时检测系统电流,然后将电流信息发给内部控制器进行处理,确认电流不平衡状态,同时计算出三相电流达到平衡状态所需转换的电流值,通过分流作用使得系统三相电流的有效值达到一个平衡状态。当系统三相电流都偏离平衡点时,其补偿原理与两相偏离平衡点的状况类似。其根本原则是将某相多余的电流存储到装置母线电容中,然后从母线电容取出电流补偿需要补偿的某相。电容型三相不平衡调节装置接线示意图如图 1-8 所示。

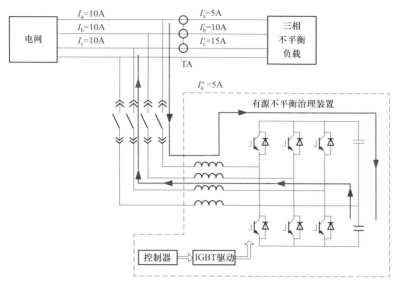

图 1-8　电容型三相不平衡调节装置接线示意图

1.3.4　电压暂降防治技术及相关设备

1. 不间断电源（UPS）

不间断电源（Uninterruptible Power System，UPS）系统由 4 部分组成：整流、储能、变换和静态开关控制。当正常供电时，UPS 从供电电网中吸取功率，将交流电整流为直流电，且直流电压略高于储能装置电压，储能装置处于备用状态，直流电再逆变为具有相同频率和有效值的交流电为负荷供电；当逆变器输出低于给定阈值时，负荷被静态开关切换至电网供电；当电网发生电压暂降或中断时，储能装置快速通过逆变器向负荷供电，维持时间长度由储能装置容量决定。

2. 转换开关（TS）

由电力电子器件组成，用于电路的无触点通断切换，是解决电压暂降问题最经济有效的手段之一，主要有静止转换开关（Static Transfer Switch，STS）、固态转换开关（Solid State Transfer Switch，SSTS）。

以常见的 SSTS 为例，SSTS 单元基本结构示意图如图 1-9 所示，其主要

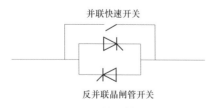

并联快速开关

反并联晶闸管开关

图 1-9　SSTS 单元基本结构示意图

是由并联快速开关和反并联晶闸管开关组成。正常运行时，并联快速开关闭合，电流通过并联快速开关向负荷供电，此时反并联晶闸管开关被旁路；当供电电压跌落需要切换电源时，断开并联快速开关同时给反并联晶闸管开关触发命令，并联快速

开关触头拉开后，其产生的电弧电压使反并联晶闸管开关处在正向偏置的状态，电流可以迅速转移到反并联的晶闸管开关支路。1～2ms 后撤销反并联晶闸管开关的触发信号，一旦其电流过零，反并联晶闸管开关将自行关断。

SSTS 一般要求两路输入电源间的相位差小于 15°，这是因为当相位差过大时，SSTS 的切换时间也会增加。对于敏感负荷，通常要求切换时间小于 10ms，故要求两路电源的相位差小于 15°。SSTS 应用时主要有以下两种接线方式，一种是一主一备供电模式，使用 2 台 SSTS，适合采用双电源供电的场合；另一种是互为主备供电模式，使用 3 台 SSTS，适合采用分裂母线供电的场合。当正在供电的电源出现异常（如电压暂降或短时中断）时，SSTS 可以将负荷快速切换至另一路正常电源，可以达到两路电源间无缝切换、为敏感负荷不间断供电的目的，供电模式接线图如图 1－10 所示。

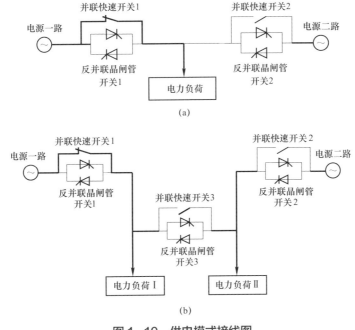

图 1－10　供电模式接线图

（a）一主一备（2 切换单元）；（b）互为主备（3 切换单元）

3. 动态电压恢复器（DVR）

动态电压恢复器（Dynamic Voltage Regulator，DVR）是一种电压跌落抑制装置，通常安装在电源和负载之间，具有良好的经济性和有效性，是防治电压暂降最常用的手段之一。

DVR 由直流储能单元、基于全控器件的电压型变流器、输出滤波器、串联变压器四部分组成。其中储能单元通常有两种结构：① 直接采用储能单元，当装置需要向系统注入有功时，这些储能单元可以提供能量；② 采用不可控、半控或全控整流的方法连续地提供能量，从而能达到系统电压稳态故障补偿的目的。当电力系统中某条支路发生故障影响其他支路时，DVR 可立即向系统注入补偿电压，用以补偿故障下的电压差，使负荷始终保持在要求的电压水平。在正常供电情况下，DVR 工作在备用状态。DVR 原理图如图 1-11 所示。

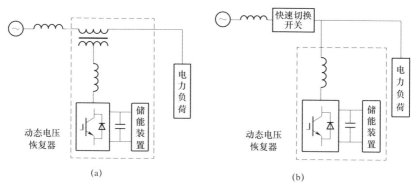

图 1-11　DVR 原理图

(a) 串联型；(b) 并联型

4. 直流侧治理设备

变频器在火电厂、煤化工等工业企业中应用广泛，但其在低电压时会导致闭锁输出，从而引起重要辅机停机，造成生产中断。基于直流侧附加拓扑的电压暂降快速治理技术的治理装置，可为变频器直流母线提供电压支撑，保证变频器逆变部分正常工作，进而保证变频驱动的电机不间断运行。

直流侧治理利用电网残压作为能量来源，其输入端与电网三相电压相连，输出端通过压差控制单元并联至负载侧变频器直流母线，主要由整流单元、DC/DC 升压单元、压差控制开关和馈出单元组成。当发生电压暂降或短时中断时启动工作，储能单元经过 DC-DC 升压变换，维持变频器直流母线电压稳定，保证变频器正常运行；当电压恢复至设定值时，装置自动退出工作状态，转为热备用状态，变频器自动转换由电网供电。直流侧治理设备原理图如图 1-12 所示。

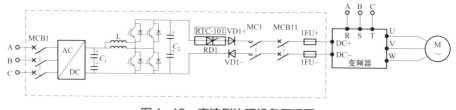

图 1-12　直流侧治理设备原理图

1.3.5 综合治理技术

为解决谐波、闪变、电压偏差、电压暂降、三相电压不平衡等多种电能质量问题，需要采用综合治理设备及控制技术，其中最常见的为统一电能质量调节器（Unified Power Quality Conditioner，UPQC），UPQC 原理图如图 1-13 所示。

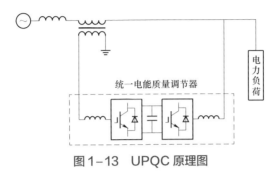

图 1-13 UPQC 原理图

UPQC 是 DVR 和 APF 结构上的有机组合、功能上的相互协调，可解决电能质量综合性问题。当发生电压质量问题时，UPQC 通过电压补偿单元进行补偿使得负荷电压为具有额定幅值和标准频率的标称正弦波形，为用户提供纯净可靠的电压；当发生电流质量问题时，通过电流补偿单元对负荷电流进行补偿使得电网电流为与电网电压同频同相的正弦波，不对电网造成谐波污染，不降低电能利用率。

第2章 系统变电站电能质量治理典型案例

 [案例2-1] 浙江某工业集聚区谐波治理及无功补偿

治理对象：电除尘、变频调速等扰动负荷集中接入的变电站

治理问题：谐波、功率因数偏低

治理技术：无源滤波、有源滤波

治理设备：固定电容器（FC）、有源滤波器（APF）

应用时间：2018年5月

一、案例简介

某工业集聚区110kV变电站10kV母线供电的中小容量印染工业用户较多，用户协议容量在2.5～10MVA。通过电能质量现场测试，发现印染用户的5、7次谐波电流超标，并引起110kV变电站的10kV母线电压总谐波畸变率严重超标（高达12%），导致变电站内电容器出现噪声和过热情况而无法运行，同时降低主变压器有功功率送出能力约10MW。

通过在谐波超标用户侧加装有源滤波器，并对该变电站电容器组的串联电抗器进行谐波耐受能力定制化改造，该变电站10kV母线电压总谐波畸变率由12%降至3.6%，功率因数由0.92提高至0.94，电能质量改善效果明显。

二、问题分析

该工业集聚区110kV变电站配置50MVA主变压器2台，10kV母线分列运行，配置2组4800kvar和2组3600kvar电容器组，电容器组串联电抗率均为5%，采用室内布置。该110kV变电站主接线示意图如图2-1-1所示。

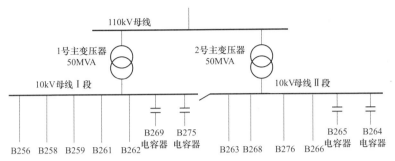

图 2-1-1 110kV 变电站主接线示意图

该 110kV 变电站供电的中小容量印染工业用户数量共 13 家。印染工业用户的谐波污染设备主要为高压直流静电尾气处理设备和低压变频器，其 5、7 次谐波电流含有率较大，分别达到 11%、6.7%。图 2-1-2 为某印染用户正常生产时的典型谐波电流频谱。

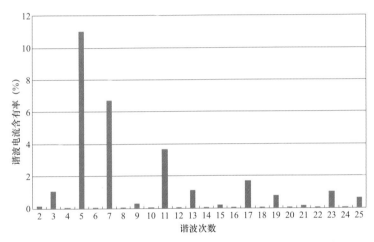

图 2-1-2　某印染用户正常生产时的典型谐波电流频谱

受印染用户产生的谐波影响，该 110kV 变电站内电容器组在运行过程中产生噪声和过热问题。在 2016 年对该变电站电容器组开展的现场测试中，实测电容器组 5 次谐波电流高达 218A，7 次谐波电流达 85A，超过了电容器组总谐波电流的限值 97A（电容器组总谐波电流不得超过额定电流的 35%）；10kV 母线电压总谐波畸变率高达 12%，远超过国标规定的 4% 允许值。由于谐波电流过大，电容器组串联电抗器噪声大、发热严重，噪声达 92dB、温度达 120℃（DL/T 462—1992 规定电抗器噪声不宜超过 70dB、运行温度不宜超过 105℃），且外表面出现裂痕而无法继续正常运行。同时，该变电站最大有功负荷 79MW，无功负荷 43Mvar，负载率 89.9%，平均功率因数仅有 0.92，电容器组无法正常运行影响了主变压器的有功送出。

三、技术方案

为解决该工业集聚区谐波污染引起的电容器组异常，首先，需从源头减少用户的谐波污染，按照"谁引起，谁治理"的原则在超标用户侧加装电能质量治理设备，尽量在源头解决谐波污染的问题；其次，考虑到可能存在部分用户的治理设备因异常而临时退出运行的情况，电网供电变电站仍有谐波过大的隐患，因此仍有必要对变电站电容器组串联电抗进行改造，提升电容器组的谐波耐受能力。

用户侧层面，该工业聚集区的单个印染工业用户的负荷功率因数高，但电流总谐波畸变率超过 20%，且谐波频谱较宽，因此在用户侧采用有源滤波器。变电站层面，当前电容器组常见串联电抗器包括干式空芯电抗器和铁芯电抗器两种类型。其中干式空芯电抗器散热效果较好，但体积较大，且一般安装于户外，但该变电站因场地限制，不具备户外安装干式空芯电抗器的条件。另外，国内尚无成熟的能承受较大谐波电流的铁芯电抗器产品，因此考虑通过采用特殊设计，定制开发高谐波耐受能力的串联铁芯电抗器，并安装于原铁芯电抗器安装位置，既可解决场地限制问题，同时也可以有效解决谐波较大时电容器组的噪声和过热问题。最终确定综合治理技术方案示意图如图 2-1-3 所示。

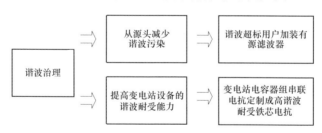

图 2-1-3　综合治理技术方案示意图

铁芯电抗器的噪声和发热主要来源于铁芯，体现为磁滞伸缩、铁饼间电磁力及磁畴壁位移，其噪声与电抗器尺寸、磁通密度成正比关系。通过计算在特定谐波频谱下铁芯电抗器的等效磁密，可以准确控制铁芯电抗器的噪声和发热水平。

电抗器等效磁密 B_m 与谐波电流、铁芯截面的关系为

$$B_\mathrm{m} = \frac{\sum\limits_{n=1}^{n} I_n X_n}{4.44 f_{50} A N} \qquad (2-1-1)$$

式中　　B_m——电抗器等效磁密，T；

n——谐波次数；

I_n——谐波电流，A；

X_n——n 次谐波频率下的电抗，Ω；

A——铁芯截面积，cm^2；

N——有效匝数。

电抗器噪声与等效磁密的关系可表示为

$$V = 33 + G / 3 + 18\sqrt{H / D} + 20(B_m - B_0) + K \qquad (2-1-2)$$

式中　V——电抗器噪声，dB；

G——铁芯总重，kg；

H/D——铁芯柱高与直径比；

K——与 G 相关的修正系数；

B_0——拐点磁密，T。

拐点磁密与硅钢片材质有关，当等效磁密在拐点磁密附近或越过拐点时，电抗器的噪声会出现一定的波动或骤然变大。

电抗器铁损由磁滞损耗、涡流损耗、附加损耗三部分组成，均与磁密有密切关系，可表示为

$$P_{Fe} = K_0 G \sum_{n=1} (af_n B_n^{\beta} + bf_n^2 B_n^2 + ef_n^{1.5} B_n^{1.5}) \qquad (2-1-3)$$

式中　P_{Fe}——铁损，kW；

K_0——铁芯损耗附加系数；

f_n——频率，Hz；

B_n——该频率下的磁密，T；

a、β、b、e——与硅钢片材质相关的系数。

基于上述原理，通过等效磁密设计并试制了高谐波耐受能力的铁芯电抗器，通过优化电容器组串联铁芯电抗器物理结构，将谐波水平较高环境下的铁芯等效磁密控制在合理的范围，提高其谐波耐受能力，解决谐波带来的噪声和发热问题。

四、工程情况

1. 串联铁芯电抗器定制化改造

2018 年 5 月 9 日，对该变电站 I 段母线下的 B269、B275 电容器组进行改造，完成了两台高谐波耐受能力串联铁芯电抗器样机的安装，型号分别为 LKSC－10－330A－3.89mH（用于 4800kvar 电容器组）、LKSC－10－189A－6.43mH（用于 3600kvar 电容器组），串联电抗率均为 6%，两台样机尺寸均为 700mm×

1800mm×2000mm，在原有电抗器场地改造完成后，占地面积略大于原围栏面积，改造周期约 1 个月。

2. 用户侧加装 APF

在该变电站供区内 13 家谐波超标印染用户的低压侧同步配置有源滤波器，谐波超标印染用户分布示意图如图 2-1-4 所示。APF 配置容量占用户协议容量的 15%～20%，详见表 2-1-1。

表 2-1-1   谐波超标用户有源滤波器配置容量

用户名称	用户协议容量（kVA）	APF 配置容量（A）
WY	4800	900
ST	5600	1000
CC	10 350	2150
YH	5200	1000
JP	4880	900
JC	2630	500
KS	6600	1400
LG	8000	1900
TP	4000	750
SL	5700	1200
JY	6000	1200
GT	5600	900
YZ	2500	450

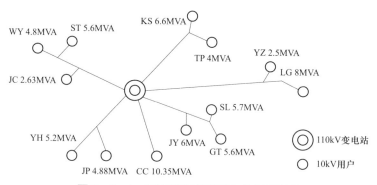

图 2-1-4 谐波超标印染用户分布示意图

五、工程应用效果

该变电站两组电容器改造完成并投入后，变电站 10kV 母线电压总谐波畸变率由 12% 降至 7%。同时投入用户侧安装的有源滤波器后，10kV 母线电压总谐波畸变率可进一步降低至 3.6%，且 1 号主变压器 10kV 侧各次谐波电流均满足国标的要求。电容器组串联铁芯电抗器运行温度由改造前的 123℃ 降低至改造后的 72℃，噪声由 91dB 降低至 69dB，有效解决了温升和噪声等负面影响，保障了电容器组及其串联电抗器的可靠运行。同时，变电站 1 号主变压器功率因数由 0.92 提高至 0.94。具体测试数据见表 2－1－2～表 2－1－5。

表 2-1-2　　　　　谐 波 电 流 测 试 数 据

工况	测试间隔	电流有效值（A）	基波电流（A）	谐波电流（A）			
				3 次/限值	5 次/限值	7 次/限值	11 次/限值
电容器未投入 用户 APF 未投入	1 号主变压器 10kV 侧	2034	2020	8.2/34.6	138.3/34.6	59.6/26.0	32.0/16.1
电容器投入 用户 APF 未投入		1966	1954	8.9/34.6	36.46/34.6	27.82/26.0	15.4/16.1
电容器投入 用户 APF 投入		1927	1915	7.7/34.6	21.87/34.6	14.32/26.0	9.5/16.1

表 2-1-3　　　　　谐波电压含有率测试数据

工况	测试间隔	谐波电压含有率（%）				
		3 次/限值	5 次/限值	7 次/限值	11 次/限值	总畸变率/限值
电容器未投入 用户 APF 未投入	1 号主变压器 10kV 侧	1.1/3.2	10.1/3.2	5.4/3.2	0.8/3.2	12/4.0
电容器投入 用户 APF 未投入		1.0/3.2	4.87/3.2	3.0/3.2	0.8/3.2	7.0/4.0
电容器投入 用户 APF 投入		1.0/3.2	2.95/3.2	1.65/3.2	0.8/3.2	3.6/4.0

表 2-1-4　　　　　温度和噪声测试数据

序号	设备名称	状态	红外测温（℃）		噪声（dB）	
			电抗器	电容器	单组运行	两组运行
1	电容器 B269 （4800kvar）	改造前	123	73	87	91
		改造后	72	50	69	77
2	电容器 B275 （3600kvar）	改造前	121	69	88	90
		改造后	80	70	69	75

表 2-1-5　　　　　　　　功 率 因 数 测 试 数 据

设备名称	状　态			
电容器 B269（4800kvar）	未投入	投入	未投入	投入
电容器 B275（3600kvar）	未投入	未投入	投入	投入
1 号主变压器 10kV 侧功率因数	0.92	0.93	0.93	0.94

该变电站两台电容器组串联电抗的定制化改造费用共计约 22 万元。改造完成后受益于功率因数的提升，主变压器有功功率送出能力增加约 10MW，进一步提高了现有设备的供电能力，经济效益显著。

六、技术适用场景

本案例通过对电容器组串联铁芯电抗器的定制化改造，提升了电抗器的谐波耐受能力，减小了谐波环境下电容器组串联电抗器的噪声和发热问题。设备投运后运行稳定，谐波抑制、功率因数提升效果明显，并有效提升了变电站有功送出能力，经济效益显著。

电容器组串联铁芯电抗器的定制化改造适用于谐波污染问题严重、电容器组无法正常投运的变电站，尤其受安装场地限制不具备将铁芯电抗器改造为空心电抗器的变电站。通过铁芯电抗器的定制化改造，在总体尺寸增加较小的情况下大大提高电抗器的谐波耐受能力，可以有效解决谐波较大导致电容器组出现的噪声和过热问题。

 ［案例 2-2］上海某变电站电容器组谐波放大抑制

治理对象：变电站
治理问题：谐波
治理技术：无源滤波
治理设备：固定电容器（FC）
应用时间：2017 年 6 月

一、案例简介

某 110kV 变电站 10kV 共有四段母线，每段母线上各配置一组电容器。现场运行人员反馈，当电容器组投入时，电容器组串联电抗器的噪声较大。通过电能质量测试发现该变电站电容器投入后存在谐波电压超标问题，电压总谐波畸变率从 1.4%升至最高 9.6%（其中 5 次谐波电压含有率从 1.1%升高至 9.5%）。

经分析确认，该变电站电容器组投入后的谐波超标问题，主要由电容器组中的电容、串联电抗与系统阻抗在 5 次谐波频率附近发生并联谐振产生。通过对电容器组串联电抗器改造，调整串抗率，电容器组投入后电压总谐波畸变率降低至 0.8%以下，达到了国标要求，串联电抗器噪声过大问题也得到明显的改善。

二、问题分析

该变电站 10kV 共有四段母线，正常方式下 Ⅰ/Ⅱ 段与 Ⅲ/Ⅳ 段母线分列运行。每段母线上各有一组电容器，其中 1 号和 3 号电容器组容量均为 3Mvar，2 号和 4 号电容器组容量均为 5Mvar，串抗率均为 1%。该变电站主接线示意图如图 2-2-1 所示。

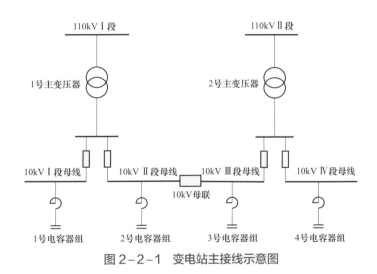

图 2-2-1　变电站主接线示意图

该变电站电容器组不同运行状态下的谐波及噪声指标测试数据见表 2-2-1。

表 2-2-1　　　　　　　　谐波及噪声测试数据

电容器运行方式	运行方式 1		运行方式 2	运行方式 3
	未投入		3、4 号投入	1、2 号投入
测试对象	Ⅰ/Ⅱ 段母线	Ⅲ/Ⅳ 段母线	Ⅲ/Ⅳ 段母线	Ⅰ/Ⅱ 段母线
电压总谐波畸变率（限值 4%）	1.25%	1.40%	9.60%	8.00%

续表

电容器运行方式	运行方式 1		运行方式 2	运行方式 3
	未投入		3、4 号投入	1、2 号投入
5 次谐波电压（限值 3.2%）	0.95%	1.10%	9.50%	7.90%
对应电容器室噪声	背景噪声：44dB		85dB	95dB

　　根据测试结果，该变电站内四组电容器组均未投入时，10kV Ⅰ/Ⅱ 段与Ⅲ/Ⅳ 段母线电压总谐波畸变率（THD_U）分别为 1.25% 和 1.4%，5 次谐波电压含有率分别为 0.95% 和 1.1%，谐波电压频谱图如图 2-2-2 所示。

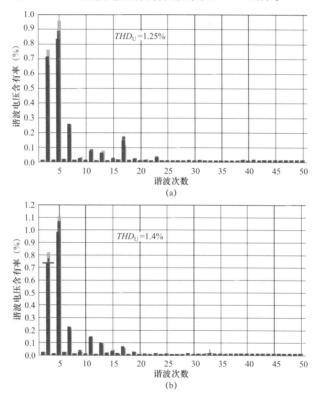

图 2-2-2　谐波电压频谱图（电容器组未投入）

（a）10kV Ⅰ/Ⅱ 段母线；（b）10kV Ⅲ/Ⅳ 段母线

　　当 1、2 号电容器组或 3、4 号电容器组同时投入时，发生了显著的 5 次谐波谐振现象。10kV Ⅰ/Ⅱ 段与Ⅲ/Ⅳ 段母线的 THD_U 分别升高至 8% 和 9.6%，5 次谐波电压含有率分别升高至 7.9% 和 9.5%，同时噪声最大升高至 95dB，电容器组投入时的谐波电压频谱如图 2-2-3 所示。

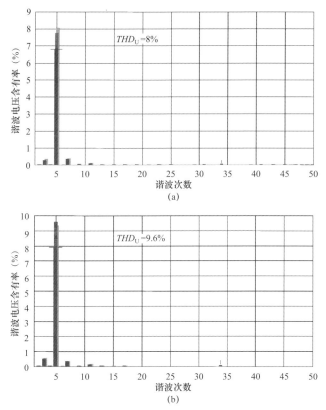

图2-2-3 谐波电压频谱图（电容器组同时投入）

（a）10kV Ⅰ/Ⅱ段母线；（b）10kV Ⅲ/Ⅳ段母线

三、技术方案

为改善该变电站电能质量，解决谐波超标及噪声问题，采用调整电容器组串抗率、改变谐振条件的方法进行治理。根据《并联电容器装置设计规范》（GB 50227—2017），当系统短路容量为S_d、电容器组串抗率为K时，满足在n次谐波频率下发生谐振条件的电容器组容量计算公式为

$$Q_c = S_d \left(\frac{1}{n^2} - K \right) \qquad (2-2-1)$$

式中　S_d——短路容量，MVA；

　　　Q_c——电容器容量，Mvar；

　　　K——串抗率，%。

短路容量S_d由电网参数及运行方式确定，电容器组容量Q_c由所需补偿的无功容量确定，因此串抗率K的选择是决定谐振次数n的关键因子。根据该变

电站实际运行参数，短路容量 S_d 为 290MVA，电容器补偿容量 Q_c 为 8Mvar，此时谐振次数 n 与串抗率 K 的关系曲线如图 2-2-4 所示。

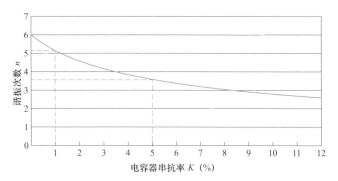

图 2-2-4　谐振次数 *n* 与串抗率 *K* 的关系曲线

从图 2-2-4 中可以看出，当串抗率 K 为 1% 时，谐振次数 n 在 5 次附近。如果提高串抗率 K，谐振次数将向低频段偏移，可以避免 5 次谐波谐振问题。

四、工程情况

2017 年 6 月，对该变电站内电容器组串联电抗器进行更换，现场安装情况如图 2-2-5 所示。

图 2-2-5　电容器现场安装图

综合考虑经济成本因素，将 3 组电容器串抗率由 1% 提高到 5%，改造前后各电容器组串抗率配置见表 2-2-2。

表 2-2-2 变电站改造前后电容器组串抗率配置

电容器组编号	改造前（%）	改造后（%）
1	1	5
2	1	5
3	1	1
4	1	5

五、工程应用效果

改造后的谐波及噪声测试结果见表 2-2-3。

表 2-2-3 改造后谐波及噪声测试情况

电容器组投退状态	对应母线电压 THD_U（%）	对应电容器室噪声（dB）
未投入	1.2	46.0
1 号投入	0.80	60.1
2 号投入	0.68	60.6
1、2 号投入	0.50	60.9
3 号投入	1.5	65.9
4 号投入	0.70	60.2
3、4 号投入	0.80	65.6

测试结果表明，经过改造的 1、2、4 号电容器组的噪声在 60dB 左右，未改造的 3 号电容器组的噪声也仅为 65.9dB，噪声过大的情况明显改善。测试时电网背景的电压总谐波畸变率 THD_U 约为 1.2%，1、2、4 号电容器组单独投入或同时投入时，THD_U 降低至 0.5%～0.8%，远低于《电能质量　公用电网谐波》（GB/T 14549—1993）规定的 4% 的限值要求。由此可见，当串抗率从 1% 提高到 5% 以后，未再发生 5 次谐波谐振的情况，且当电容器组投入后起到了一定的滤波作用，降低了 10kV 母线的谐波水平。当未改造的 3 号电容器组单独投入时，THD_U 升高至 1.5%，谐波略有放大，但未超过国标规定的限值。

该变电站治理措施投资约 30 万元，消除了站内设备安全运行的隐患，改善了站内值班人员及周边居民的工作生活环境，达到预期目标。

六、技术适用场景

本案例结合理论分析，采用改造电容器组串联电抗器的方式，改变了谐波谐振条件，解决了变电站内因电容器串抗率配置不合理而引发的谐波超标及噪声过大问题。城市电网中，变电站10kV母线电容器串抗率为1%的情况较为常见，随着系统运行方式变化，电容器投入运行可能存在5次谐波放大或谐振的风险，采用改变串抗率的方式可以避免谐振。但由于各城市电网背景谐波、短路容量等参数存在差异，在解决类似问题时，应结合实际参数进行仿真计算，选择合适的串抗率值才能达到理想的治理效果。

本技术适用于因电容器串抗率参数配置不合理而产生谐振或谐波放大问题的变电站。

 [案例 2-3] 山西某变电站电压偏差治理及无功补偿

治理对象：煤矿等波动性负荷集中接入的变电站
治理问题：电压偏差、功率因数偏低
治理技术：静态无功补偿、复合式相控过零切换
治理设备：固定电容器（FC）
应用时间：2018 年 12 月

一、案例简介

某110kV变电站主要为周边高校、煤矿、民航等重要负荷供电，负荷波动较大且用电负荷峰谷集中。受限于电容器组机械开关性能，电容器组无法跟随负荷变化情况频繁投切，导致该变电站出现无功补偿不足、电压合格率和功率因数偏低问题。

通过为电容器组配置复合式晶闸管电容器开关，利用相控过零投切技术，实现电容器组的快速、频繁投切，满足无功补偿要求，提高电压合格率和功率因数，电能质量改善和节能降耗效果明显。

二、问题分析

某110kV变电站，配置3台三绕组变压器，110kV侧为并列运行，35、10kV侧为分列运行，10kV侧三段母线分别配置1组并联电容器。受波动性负荷以及该站电压调节能力影响，该站10kVⅡ、Ⅲ段母线电压2018年下半年月均电压合格率分别为72.13%、81.20%，平均越下限时间分别达到11 683、8270min，最低电压分别为9.70、9.72kV。

该变电站电容器组使用常规机械开关，有以下不足：① 分合闸寿命有限，

在短时间内频繁开合导致机械特性降低，容易发生电弧重燃、机构卡涩、拒分拒合等异常，甚至造成短路故障，严重影响设备安全运行；② 机械开关无法选择合适的分合闸时间，无法做到精确的过零投切，投切瞬间可能产生过大的冲击涌流，造成较高的操作过电压，对开关本身、电容器及母线上的其他电气设备造成危害。因此，该变电站 AVC 控制策略以调节有载分接开关为主，同时限制电容器组单日投切次数不超过 10 次。该站 2018 年 8～10 月投切及无功功率情况见表 2-3-1，月均有载分接开关调整达到 31 次，而电容器组月均投切次数仅 6.6 次。同时，上级输入无功功率较多，功率因数整体较低，高峰时刻平均功率因数仅 0.87。

表 2-3-1　　　　　　2018 年 8～10 月投切及无功功率情况

主变压器编号	月份	主变压器分接头调整次数	对应电容器组投切次数	上级最大输入无功功率（Mvar）	高峰时刻月均功率因数
1	8	9	1	5.1	0.88
	9	5	0	5.8	0.85
	10	7	1	6.0	0.87
2	8	27	7	6.3	0.84
	9	18	5	7.5	0.87
	10	19	4	6.3	0.85
3	8	2	0	6.8	0.89
	9	3	0	7.8	0.88
	10	3	2	7.2	0.89

三、技术方案

为改善该变电站供电质量，提高变电站母线电压合格率以及变电站的供电能力，针对上述问题，采用复合式相控过零投切技术，为 10kV 侧电容器组配置复合式晶闸管电容器开关进行投切能力提升，并调整 AVC 的控制策略，将电容器组单日可投切次数提高至 30 次。

1. 复合式晶闸管电容器开关组成及功能

该设备串接于电容器开关与电容器之间，接线示意图如图 2-3-1 所示。该设备主要由晶闸管阀串、旁路开关、控制器组成。各组成部分功能如下：① 晶闸管阀串：复合开关的核心组成部分，通过控制阀串的触发可以随时投入和切除电容器组，每相阀体由 19 个阀单元串联组成，每个阀单元包括正向晶闸管和反向晶闸管、动态均压回路、静态均压回路等。② 旁路开关：采用快速真空断路器，为电容器提供持续工作电流。③ 控制器：根据系统命令发出投切指令。

投入过程：① 在某相电压过零点时触发导通两相晶闸管。② 在第三相电压过零点时触发导通第三相晶闸管。③ 触发持续脉冲信号闭合旁路开关。④ 晶闸管关断，完成电容器组零冲击投入。

退出过程：① 在某相电流过零点时触发导通该相晶闸管。② 在另外一相电流过零点时触发导通剩余两相晶闸管。③ 触发持续脉冲信号断开旁路开关。④ 在电流再次过零时晶闸管关断，完成电容器组退出。

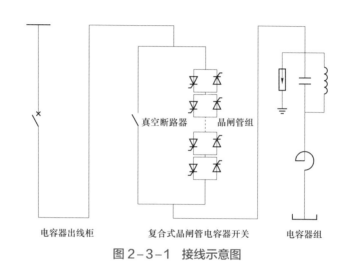

图 2-3-1　接线示意图

2. 复合式晶闸管电容器开关绝缘水平及运行要求

该设备整体对地、相间及断口间绝缘水平在满足 1min 内工频耐受电压达到 42kV 的基础上，通过增加冗余晶闸管阀组，使工频耐受电压提高至 48kV。当有个别器件损坏时，整串阀组耐压仍不低于 42kV，从而不影响开关及电容器组的正常运行。上述措施可保证设备长时间稳定运行，当极端情况出现导致晶闸管阀组整体损坏时，由旁路开关保持而不影响电容器组的运行。

四、工程情况

2018 年 12 月，在该变电站原电容器组机械开关和电容器组之间安装了三台复合式晶闸管电容器开关并投运。设备主要参数见表 2-3-2，现场安装及内部结构分别如图 2-3-2、图 2-3-3 所示。

表2-3-2 设 备 主 要 技 术 参 数

额定电压	防护等级	端子与外壳间交流耐受电压	相间工频耐受电压	相对地工频耐受电压	辅助回路工频耐受电压	合闸涌流倍数	开断过电压倍数	投切次数
10kV	IP44	42kV	42kV	42kV	2.5kV	1.5	1.4	10万次

图2-3-2 现场安装图

图2-3-3 内部结构图

五、工程应用效果

复合式晶闸管电容器开关投运后,通过调整 AVC 控制策略,增加电容器组每日投切次数限值,并降低投切阈值,将电容器组作为电压和无功调节的主要支撑手段。

1. 提高电容器组可投切次数

安装复合式晶闸管电容器开关后,重新优化了 AVC 控制策略,将电容器组每日可投切次数由原先的 10 次调整为 30 次，投运前后有载分接开关调整及电容器组投切情况见表 2-3-3。设备投运后电容器组月均投切次数较投运前提高 104%，有载分接开关月均调整次数较投运前减少 87%。

表2-3-3　　投运前后有载分接开关调整及电容器组投切情况

主变压器编号	投运前有载分接开关月均调整次数	投运后有载分接开关月均调整次数	电容器组编号	投运前电容器组月均投切次数	投运后电容器组月均投切次数
1	7	0.5	1	0.6	4
2	21.3	3.4	2	5.3	8
3	2.7	0	3	0.6	1.3

2. 提升电压合格率和功率因数

设备投运后，电容器组投切次数显著增加，配合有载分接开关调整，使得母线电压调节更为精准和及时，电压越限次数大幅降低，月均电压合格率由 83.33% 提升至 98.68%。同时，电容器组的及时投切有效减少了系统无功功率输入，上级电网输入的最大无功功率从 18.2Mvar 降低到 5.1Mvar，高峰时刻平均功率因数由 0.87 提升至 0.92。投运前后 10kV 母线电压合格率、上级最大输入无功及高峰时刻平均功率因数情况见表 2-3-4。

表2-3-4　　投运前后电压合格率和无功、功率因数情况

主变压器编号	投运前 10kV 母线月均电压合格率（%）	投运后 10kV 母线月均电压合格率（%）	投运前上级最大输入无功	投运后上级最大输入无功	投运前高峰时刻功率因数	投运后高峰时刻功率因数
1	96.67	99.73			0.89	0.91
2	72.13	97.80	18.2Mvar	5.1Mvar	0.84	0.93
3	81.20	98.52			0.88	0.92

3. 降低电容器组合闸涌流和过电压

复合式晶闸管电容器开关投运后，电容器组投入、退出时的电压波形和电流波形分别如图 2-3-4、图 2-3-5 所示。电容器组投入过程中，晶闸管开关在 C 相过零点先投入 C 相和 B 相，而后在 A 相过零点投入 A 相。电容器组退出过程中，晶闸管开关在 C 相电流过零点先断开，而后在 A 相电流过零点时同时断开 A 相和 B 相。电容器组的投入和退出实现了相控、等电位投入、零电流断开，有效避免了合闸涌流和过电压现象，减小了对系统的冲击，降低了电容器投切时的故障风险。

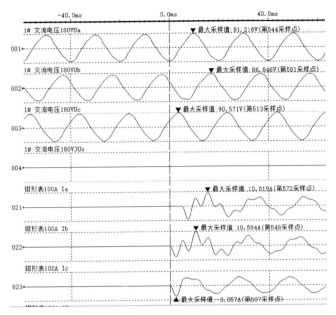

图 2-3-4　电容器组投入时刻录波图

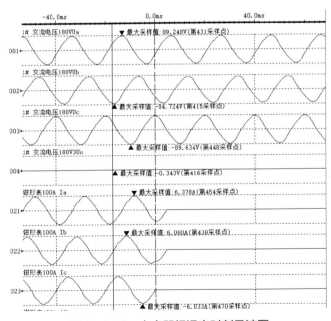

图 2-3-5　电容器组退出时刻录波图

该变电站复合式晶闸管电容器开关投运后，电容器组可根据系统运行要求按需投切，不再受机械式开关投切次数和投切间隔限制，提高了电容器组的使用频次和使用效率，显著提升了系统电压、无功调节水平，减少了变电站间无功功率的流动，节能降耗效果显著。根据变电站实际无功支撑情况，可计算出每年减少电量损耗约 116.8 万 kWh。

六、技术适用场景

复合式晶闸管电容器开关可实现电容器组的快速、频繁投切，满足无功补偿需求，有效提高电压合格率和功率因数。同时，开关采用相控过零投切技术，通过投入时等电位合闸、过零切除，有效抑制电容器投切时的过电压和涌流冲击。复合式晶闸管电容器开关技术适用于负荷波动频繁、需频繁投切电容器组进行无功补偿的变电站，尤其是受机械开关限制电容器组无法频繁投切的变电站。

 ［案例2-4］吉林某变电站动态无功缺额与电压波动治理

治理对象：风电场集中接入的变电站
治理问题：动态无功缺额、电压波动
治理技术：动态无功补偿
治理设备：静止无功发生器（SVG）
投运时间：2010 年 11 月

一、案例简介

吉林省某风电集中接入地区电网包含一座 500kV 枢纽站和 A、B、C 三座风电接入的 220kV 变电站，风电装机容量占地区电源总装机容量的比例较高。由于风力发电的随机和快速变化特性，风电场输出功率产生频繁变化，引起风电场集中接入变电站与风电场之间有功、无功潮流大幅频繁变化，导致该地区电网出现无功窜动和电压波动问题，进而增大了线路损耗。其中，A 变电站 220kV 最大电压变动达 2.34%，变动频度高达 20 次/h。

加装 30Mvar 容量 SVG 后，配合该站原有的 2 台 10Mvar 电容器组，A 变电站无功缺额现象得到显著缓解，满足大多数情况下所需无功；220kV 母线电压波动得到抑制，最大电压变动下降至 0.7%，变动频次低于 10 次/h，解决了风电场集中接入变电站所产生的动态无功缺额与频繁电压波动问题，提升了该区域电网的风电消纳能力。

二、问题分析

2010 年，该地区电源的装机容量为 3481MW，其中风力发电装机容量 1793MW，占地区总装机容量的 52%。2010 年，该地区最大负荷为 1019MW，最小负荷为 595MW，地区电网电力送出较大，外送联络线包括 500kV 某甲线、500kV 某乙线、220kV 某丙线、220kV 某丁线。该地区风电并网示意图如图 2-4-1 所示。

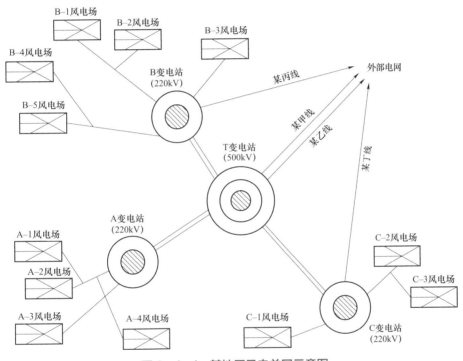

图 2-4-1 某地区风电并网示意图

通过调取电压曲线发现，风电场集中接入变电站 220kV 母线电压及周边电网电压波动极其频繁。根据《电能质量 电压波动和闪变》（GB/T 12326—2008）的规定，电压波动是电压方均根值一系列的变动或连续的变化，包括电压变动和电压变动频度两个评价指标，220kV 电压等级母线电压变动频度在 10～100 次/h 时电压变动幅值应不大于 1.5%。图 2-4-2 为 A 变电站 220kV 母线三相电压有效值曲线图，可以看出，从 10 时 15 分至 12 时 34 分期间，共计 2 小时 19 分钟，电压波动次数 44 次，平均约 12 次/h，其中电压变动幅值超出国标规定（1.5%）的 27 次。

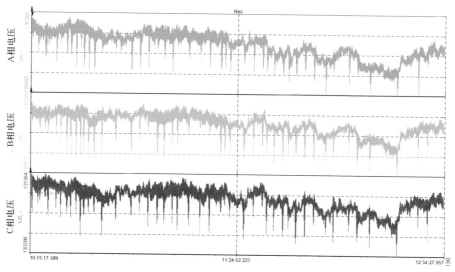

图2-4-2 A变电站220kV母线三相电压有效值曲线图

三、技术方案

1. 治理方案

该风电场集中接入区域电网电压波动超标问题主要由风电场输出功率的频繁变化引起的无功窜动导致，因此需进行无功补偿。根据该地区电网网架结构与各变电站无功缺额情况、风电机组地理位置分布情况、各个风电场出力的历史数据，利用电网仿真分析软件，搭建风电机组模型和电网模型，模拟风电场在电网中的运行工况，计算因风电大发期间和风电集中送出时引起该地区电网的无功窜动程度，然后模拟在该地区不同变电站加装一定容量的动态无功补偿，仿真分析补偿后对该地区电网电能质量、电网安全稳定运行和电网运行经济性的影响，最终确定无功补偿装置的安装地点。

风电集中送出期间，该地区220kV变电站风电接入及无功缺额统计表见表2-4-1。其中A变电站因风电接入容量最大，风电送出线路总公里数最长，无功缺额最大，在风电大发时无功缺额达126Mvar。B变电站与C变电站无功缺额远小于A变电站，因此在A站投入补偿效果要高于其他两座变电站。

表2-4-1 某地区220kV变电站风电接入及无功缺额一览表

变电站	变电站无功缺额（Mvar）	接入的风电场	风电场无功补偿配置容量（Mvar）
A变电站	126.02	A-1风电场	111.49
		A-2风电场	15.89

续表

变电站	变电站无功缺额 （Mvar）	接入的风电场	风电场无功补偿配置 容量（Mvar）
A 变电站	126.02	A－3 风电场	18.44
		A－4 风电场	27.03
B 变电站	25.36	B－1 风电场	17.43
		B－2 风电场	18.00
		B－3 风电场	17.46
		B－4 风电场	17.79
		B－5 风电场	20.22
C 变电站	39.24	C－1 风电场	18.70
		C－2 风电场	8.96
		C－3 风电场	12.53

　　根据各个风电场地理位置分布及风电出力历史数据，增加 30Mvar 的动态无功补偿装置可满足该地区大部分时间段内的无功补偿需求。仿真模拟分别在三座 220kV 变电站加装 30Mvar 动态无功补偿装置后，该地区电网的无功缺额情况见表 2－4－2。仿真结果表明，在 A 变电站加装动态无功补偿装置效果最佳，能够满足该地区风力发电 88%时间段内的无功缺额需求，此时投入的资金量与风电场增加的年度收益比例最为合理。

表 2－4－2　在不同变电站投入无功补偿后线路无功潮流缺额对比

动态无功补偿装置 安装位置及容量	联络线名称	外部电网输入的 无功容量（Mvar）
无	某甲线	－56.6
	某乙线	－36.97
	某丙线	－34.41
	某丁线	－20.31
	合计	－148.29
A 变电站 30Mvar	某甲线	－45.26
	某乙线	－36.83
	某丙线	－34.05
	某丁线	－18.66
	合计	－134.80

动态无功补偿装置 安装位置及容量	联络线名称	外部电网输入的 无功容量（Mvar）
B 变电站 30Mvar	某甲线	− 53.08
	某乙线	− 35.03
	某丙线	− 32.82
	某丁线	− 20.01
	合计	− 140.94
C 变电站 30Mvar	某甲线	− 44.94
	某乙线	− 37.94
	某丙线	− 33.83
	某丁线	− 18.87
	合计	− 135.58

2. 治理设备选型

针对风电场集中接入变电站的无功窜动现象、电压频繁波动问题，普遍采用无功补偿设备进行治理。由于本项目是对风电场集中接入变电站进行治理，从响应速度、无功电压输出特性、谐波治理效率、占地面积四个方面综合考虑，SVG 对于风电场集中接入引起的动态无功补偿效果更好。

综合以上因素，选择在 A 变电站增设 3 台额定容量为 10Mvar 的 SVG，并联组成 30Mvar 动态无功补偿装置，并与该站原有的 2 台 10Mvar 电容器并列运行，以 220kV 母线电压和无功平衡为控制目标，进行快速补偿，风电场侧按照 20%风电装机容量的要求配置 SVG 装置进行动态无功补偿，从而实现该地区电网无功窜动和电压波动问题的有效治理。

四、工程情况

本工程在 A 变电站内实施，选择 3 台额定容量为 10Mvar 的 SVG 装置并联后通过一台 10/66kV 的升压变压器连接到该站 66kV 母线。SVG 装置主要参数见表 2−4−3，SVG 电气主接线示意图如图 2−4−3 所示，SVG 现场安装图如图 2−4−4 所示。

表 2−4−3　　　　　　　　SVG 装 置 主 要 参 数

额定容量	10Mvar	相　　数	3
额定电压	10kV	最高工作电压	12kV

额定容量	10Mvar	相　　数	3
额定电流	577A	额定频率	50Hz
容量调节范围	−10～10Mvar 范围内连续可调		
冷却方式	风冷	联结组别	Y

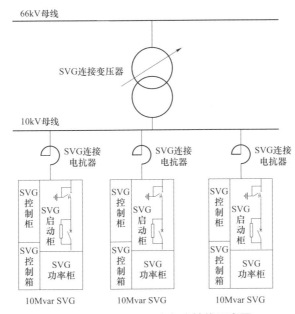

图 2-4-3　SVG 电气主接线示意图

图 2-4-4　SVG 现场安装图

五、工程应用效果

SVG 投入以后，A 变电站及周边电网电压波动改善显著，经济效益明显。

1. 对电压波动的改善

在 SVG 投运后，A 变电站 220kV 母线电压有效值曲线变化相对平滑，电压波动明显减少，电压变动由之前 2.34%降低为 0.7%左右，电压变动频度由之前的每小时 22 次减少至 10 次以下，已经满足国标对 220kV 母线电压波动的要求，改善效果明显。SVG 投运后 A 变电站 220kV 母线电压有效值曲线如图 2-4-5 所示。

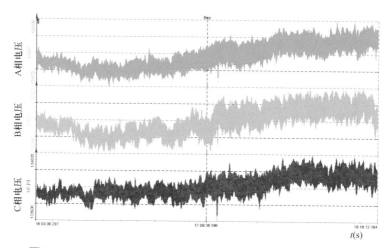

图 2-4-5　SVG 投运后 A 变电站 220kV 母线电压有效值曲线

2. 对社会及经济效益的提升

该套 30Mvar SVG 装置投运后，有效增强了电网安全稳定、经济运行以及电能质量水平，满足系统潮流变化或故障情况下无功快速平衡，减少无功窜动造成的电压波动问题，进一步提升了风电消纳能力。在投入无功补偿装置后，增加变电站有功送出约 0.6MW，全年可减少电网损耗约 55.68 万元，通过节能降损提升了经济效益。

六、技术适用场景

本案例通过在风电集中并网的变电站安装大容量动态无功补偿装置，解决了无功窜动、电压波动超标问题，提高了区域电网的风电消纳能力。该技术适用于风电集中接入的区域电网。

［案例 2-5］河北某变电站谐波超标管控

治理对象：中频炉等非线性负荷集中接入的变电站
治理问题：谐波
治理技术：负荷控制
治理设备：谐波超标联动预警系统及装置
应用时间：2018 年 4 月

一、案例简介

某 110kV 变电站 10kV 侧带有中频炉、单晶硅炉、变频器等非线性用电负荷，谐波污染严重且均未采取治理措施。经现场测试发现，该站 10kV 母线电压总谐波畸变率达到 7.45%，远超过国标规定的限值（4%），影响电网安全运行。

通过在该 110kV 变电站加装一套谐波超标联动预警系统及装置，对 10kV 母线及 8 条用户出线进行监控，实现谐波指标统计、用户谐波超标判断及管控，进而督促用户采取谐波治理措施，将 10kV 母线电压总谐波畸变率管控至国标规定的限值范围内，保证电能质量水平合格。

二、问题分析

2017 年 2 月，该 110kV 变电站相继发生多起设备故障，包括电压互感器爆炸（见图 2-5-1）、电容器组长时间无法正常投运等，直接影响该变电站安全运行。现场电能质量测试发现，该变电站 10kV 母线电压总谐波畸变率达到 7.45%，远超过国家标准规定的限值。

据现场调研，该 110kV 变电站向多家非线性工业用户供电，典型用电设备包括中频炉、单晶硅炉、变频器等非线性设备。长期以来，上述非线性工业用户对谐波治理主动性差，未有效开展谐波治理，导致该变电站电网谐波污染严重，直接影响了电网安全运行。

三、技术方案

根据《供电营业规则》第五十五条规定："电网公共连接点电压正弦波畸变率和用户注入电网的谐波电流不得超过国家标准 GB/T 14549—1993 的规定。用户的非线性阻抗特性的用电设备接入电网运行所注入电网的谐波电流和引起公共连接点电压正弦波畸变率超过标准时，用户必须采取措施予以消除。否则，供电企业可中止对其供电。"

(a)   (b)

图 2-5-1　某变电站受损电压互感器照片

(a) 10kV 2 号电压互感器仓受损；(b) 10kV 2 号电压互感器受损

结合该 110kV 变电站负荷情况，以确保电网公共连接点（PCC 点）谐波电压指标不超标为目标，安装一套谐波超标联动预警系统及装置，并制定了谐波超标联动预警、线路跳闸、定值校核与保护联动等机制。谐波超标联动预警系统通过对变电站母线及出线谐波指标的实时在线统计、分析、判断，实现对谐波源用户谐波超标量值精准控制。谐波超标联动预警系统架构如图 2-5-2 所示。

谐波超标联动预警系统由用户谐波监控装置、变电站出线谐波监控装置、母线谐波监控装置三部分组成。谐波监控装置实行两级管理，用户端为第一级控制，变电站出线端为第二级控制。用户端第一级控制量由用户谐波电流和电压总谐波畸变率两类参数组成逻辑与门控制；变电站出线端由用户出线负荷谐波电流、电压总谐波畸变率和相对应的供电母线端的谐波电流三类参数组成逻辑与门控制。在确保公用电网总谐波不超标的情况下，最大限度满足用户供电可靠性。各部分功能如下：

1. 用户端谐波监控装置

根据当前监测线路的实际运行周期自我判断谐波电压和谐波电流是否越限。谐波超标用户若连续两个采样周期（2h）仍未采取有效措施降低谐波水平，监控装置跳开用户侧进线开关，避免其对公用电网的进一步影响。

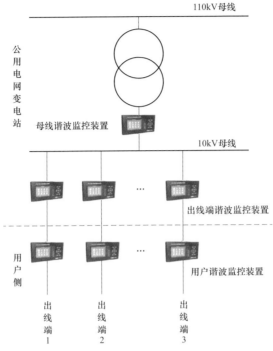

图2-5-2 谐波超标联动预警系统架构

2. 变电站出线端谐波监控装置

（1）独立控制逻辑：出线谐波监控装置在未与母线谐波监测装置组网的条件下，通过对出线的 24h 谐波监测数据进行统计分析。当母线任意一相电压总谐波畸变率和该出线任意一相谐波电流 95%统计值同时超出限定值时，判断该用户出线的谐波电流实时监测数据是否超标，如果超标则跳开变电站侧该用户出线开关，避免其对公用电网的进一步影响。

（2）组网控制逻辑：出线谐波监控装置在收到母线谐波监控装置发出跳闸指令时，判断监测数据是否超出限定值，若超出则执行跳闸指令，否则不予处理。在组网条件下，只执行组网控制逻辑，不执行独立控制逻辑。

3. 母线谐波监控装置

在母线谐波监控装置所测母线谐波电压和变压器低压侧总谐波电流超标的情况下，对各出线端谐波监控装置上传的数据进行汇总分析，并计算各出线对母线超标影响的大小。如果当前影响最大的出线谐波监控结果超标，则对该出线谐波监控装置发出跳闸指令。在设定的延时后，重新对剩余各出线端谐波监控装置上传的数据进行汇总分析和判断处理，直至母线谐波不再超标或所有出线端谐波监控装置都已判断完毕后终止跳闸处理逻辑。谐波联动逻辑流程图如图 2－5－3 所示。

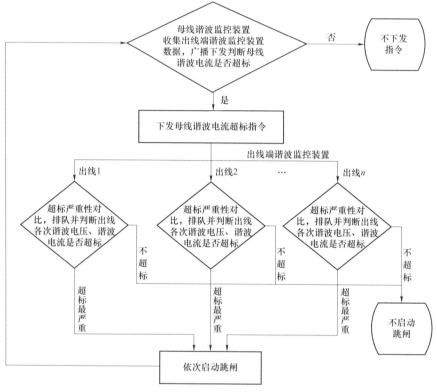

出线端监控装置从左至右按谐波严重程度从大到小依次排列。

图 2－5－3　谐波联动逻辑流程图

四、工程情况

该变电站有主变压器 2 台，110kV 母线并列运行、10kV 母线分列运行，对其中 8 条供有非线性负荷的 10kV 线路加装谐波超标联动预警系统及装置。接入谐波超标联动预警系统的线路及主要非线性设备见表 2－5－1。各谐波装置的谐波电压、谐波电流定值依据《电能质量　公用电网谐波》（GB/T 14549—1993）计算得出，谐波定值单模板见表 2－5－2。

表 2－5－1　接入谐波预警系统的线路及主要非线性设备明细表

用户名称	线路名称	主要非线性设备
用户 1	某站 0534 回路	变频器
	某站 0553 回路	变频器

续表

用户名称	线路名称	主要非线性设备
用户 2	某站 0558 回路	单晶硅炉
	某站 0536 回路	单晶硅炉
用户 3	某站 0565 回路	单晶硅炉
用户 4	某站 0559 回路	中频炉
	某站 0535 回路	中频炉
用户 5	某站 0541 回路	变频器

表 2-5-2　　　　　　　　谐波定值单模板

谐波电压部分		谐波电流部分			
项目	整定值（%）	项目	整定值（A）	项目	整定值（A）
电压总谐波畸变率告警值	3.6	2 次谐波电流告警值		2 次谐波电流启动值	
奇次电压含有率告警值	2.88	3 次谐波电流告警值		3 次谐波电流启动值	
偶次电压含有率告警值	1.44	4 次谐波电流告警值		4 次谐波电流启动值	
电压总谐波畸变率启动值	4	5 次谐波电流告警值		5 次谐波电流启动值	
奇次电压含有率启动值	3.2	…		…	
偶次电压含有率启动值	1.6	25 次谐波电流告警值		25 次谐波电流启动值	

注　谐波电流整定值为正常运行方式下计算。

1. 系统组成

该 110kV 变电站谐波超标联动预警系统由 2 台母线谐波监控装置、8 台出线谐波监控装置和 11 台用户谐波监控装置组成，装置布置示意图如图 2-5-4 所示。

2. 管理措施

对谐波源用户签订增补谐波违约条款的供用电合同，并安装用户谐波监控装置。谐波超标用户需开展治理工作，并需进行验收，验收合格则纳入正常运行监管；验收不合格则重新督促开展谐波治理直至合格。

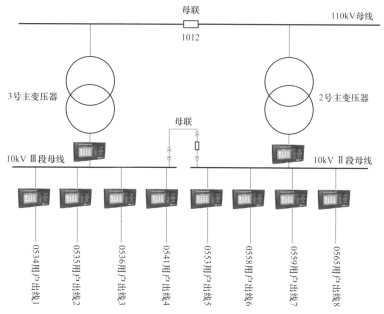

图 2-5-4 某 110kV 变电站谐波超标联动预警系统装置布置示意图

五、工程应用效果

以该变电站 10kV Ⅱ段母线和 0559 用户出线为例，工程实施前后的谐波监测数据分析如下：

1. 用户侧治理效果

该用户 10kV 出线在未安装谐波超标联动预警系统及装置时，实测电压总谐波畸变率和 3 次谐波电压含有率均超标，3、5、7、11 次和 17 次谐波电流超标严重。安装谐波超标联动预警系统及装置后，发生 4 次跳闸报警及 1 次跳闸压板动作记录，具体情况如图 2-5-5 所示。

暂态事件		越限事件		跳闸事件		暂态事件		越限事件		跳闸事件
通道	相别	开始时间	类型		实测值	开始时间		类型		
1	C相	03-10 15:38:24	7次谐波电流二级越限		7.120	03-10 16:00:00		电流谐波和电压总畸变率95%值超限--跳闸		
1	A相	03-10 15:38:23	5次谐波电流二级越限		15.110	03-10 14:00:00		电流谐波和电压总畸变率95%值超限--跳闸报警		
1	C相	03-10 15:38:22	3次谐波电流二级越限		5.720	03-10 08:00:00		电流谐波和电压总畸变率95%值超限--跳闸报警		
1	A相	03-10 15:38:22	3次谐波电流二级越限		5.110	03-09 16:00:00		电流谐波和电压总畸变率95%值超限--跳闸报警		
1	A相	03-10 15:38:21	3次谐波电流二级越限		4.870	03-09 10:00:00		电流谐波和电压总畸变率95%值超限--跳闸报警		
	B相	03-10 14:59:40	3次谐波电压二级越限		3.890					
	A相	03-10 14:59:40	3次谐波电压二级越限		4.780					
	C相	03-10 14:57:19	电压总畸变率二级越限		4.420					
	A相	03-10 14:57:19	电压总畸变率二级越限		5.020					
	A相	03-10 14:57:19	电压总畸变率一级越限		3.980					

图 2-5-5 用户 10kV 0559 用户出线装置动作记录

该用户谐波越限由中频炉负荷引起，前三次跳闸报警后，用户积极采取有效措施，报警消除，未引起开关跳闸。10日16时该厂谐波越限，启动跳闸报警，用户未及时处理报警情况，引发出线跳闸。为了避免再次引起谐波越限报警，该用户安装了一套谐波治理装置，主动降低注入电网的谐波含量。该用户治理前后的谐波电流如图2-5-6所示。

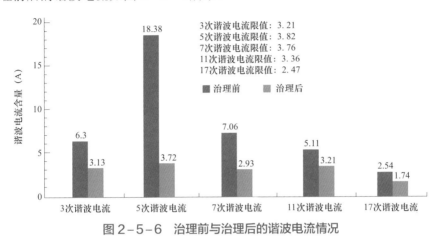

图2-5-6 治理前与治理后的谐波电流情况

2. 变电站10kV Ⅱ段母线系统治理效果

图2-5-7为用户加装谐波联动预警系统及装置前后，该变电站10kVⅡ段母线谐波电压实测数据。

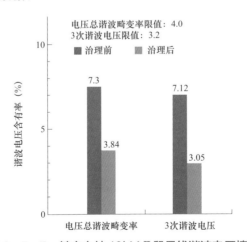

图2-5-7 某变电站10kV Ⅱ段母线谐波电压情况

通过数据对比分析，该变电站10kV系统在谐波超标联动预警系统及装置投入后，相关用户积极采取治理措施，系统母线电压总谐波畸变率明显降低，满足国标要求。该系统及装置投运后运行良好,该变电站未再出现由于谐波问题引发的设备故障。

本案例采用的谐波联动预警系统及装置,结合供用电合同的谐波违约条款,督促谐波超标用户积极采取治理措施,实现了变电站的 10kV 母线系统及用户谐波污染水平有效控制至国标限值之内,提高了谐波源用户谐波治理的主动性,保证了电网的安全经济运行。

本案例采用的谐波联动预警系统及装置已在 28 座变电站(6 座 220kV 变电站、22 座 110kV 变电站)共计 56 个谐波源用户应用。已应用的 28 座变电站各电压等级供电母线电压总谐波畸变率均未发生超标现象,电能质量指标管控由滞后型的事后分析管理跃升为实时在线的过程控制管理。

六、技术适用场景

本技术在某变电站的应用,确保了变电站母线谐波电压满足国标要求,提供了针对谐波源用户的有效监控手段,并为用户谐波治理提供了依据。

本技术在推广过程中应确保定值设定准确无误,并对设置的定值做好归档以备查阅。与谐波源用户充分沟通,让其悉知跳闸判断依据,如若出现超标现象,在跳闸预警阶段采取有效措施,避免不必要的损失。

谐波联动预警系统及装置适用于变电站母线、非线性负荷用户出线及用户端的谐波监控。

配电台区电能质量治理典型案例

第 3 章

 [案例3-1]江苏某超长配电线路电能质量综合治理

治理对象：扰动负荷集中接入的配电台区

治理问题：功率因数偏低、电压偏差、谐波、三相电流不平衡

治理技术：动态无功补偿、有源滤波

治理设备：配网无功电压综合自动控制系统、静止无功发生器（SVG）、有源
滤波器（APF）等

应用时间：2016年10月

一、案例简介

某 110kV 变电站 10kV 线路长度约 26.73km，线路供配电变压器 80 台，总
容量为 10.36MVA。通过在线监测及现场测试，发现该线路存在功率因数和电
压合格率偏低、谐波超标、三相电流不平衡等问题。

通过配置配网无功电压综合自动控制系统及相关治理设备进行电能质量
综合治理后，该 10kV 线路功率因数由 0.75 提升至 0.96，用户综合电压合格率
由 85.5% 提升至 99.2%，电压总谐波畸变率由 6.4% 下降至 1.2%，台区三相电流
不平衡度由最高 51.2% 下降至 12% 左右，电能质量得到显著提升。

二、问题分析

该 10kV 线路所供负荷为含有大量家庭作坊式的织机小动力负荷，负荷变
化大，存在的主要电能质量问题如下：

（1）功率因数低。部分台区功率因数偏低，最低仅 0.75 左右。

（2）用户供电电压合格率低。由于线路供电半径较长，用电低谷时电压偏
高，电压越上限率达 8.2%；用电高峰时电压偏低，电压越下限率达 9.5%。

（3）谐波问题。各次谐波电压含有率均满足国标要求，然而电压总谐波畸变率高达 6.4%，超过国标限值（4.0%）。

（4）三相电流不平衡问题。根据监测数据，发现其中两台配电变压器的三相电流不平衡度较大，其中一台配电变压器的三相电流不平衡度达到 51.2%。

综上所述，该 10kV 线路存在功率因数低、电压波动、谐波、三相电流不平衡等多种电能质量问题，需要制定综合解决方案，以实现对配网电能质量协调控制管理，实现电压优化和电能质量提升。

三、技术方案

1. 系统架构

通过集成配电网线路调压器、无功补偿设备、有载调压变压器和 APF、SVG、三相不平衡治理装置等设备，构建配电网无功电压综合自动控制系统，对 10kV 线路存在的电能质量问题进行综合治理。系统架构如图 3-1-1 所示。

图 3-1-1　配电网无功电压综合自动控制系统架构

2. 技术原理

为兼顾平衡各层配电网的调压需要，在原有配电线路电压无功调节设备的基础上，集成 SVG、APF、换相开关等动态无功、谐波及不平衡治理设备，通过电压协调、无功协调、谐波治理、三相电流不平衡治理等策略，实现配电线路电能质量提高。

电压协调策略：电压自下而上判断原则，以用户电压合格率最大化为决策依据。一级协调策略以 10kV 配电线路下所有用户电压合格率最高为目标，计算线路设备调压的最优电压区间。二级协调策略以本台区下所有 220V 用户电压合格率最高为目标，计算台区设备调压的最优电压区间。对于某区域内普遍低电压情况，优先调整该区域上级调压设备。

无功协调策略：上级电网优先向下级电网申请无功补偿，若下级电网无法满足补偿要求，形成本地补偿控制命令。控制命令的执行自下而上逐级进行，在满足本地无功需求的前提下，减少无功在电网中的流动，最大程度降低网损。

谐波治理策略：现场安装的有源滤波器（APF）就地检测谐波含量，对谐波超标情况进行就地治理。

三相电流不平衡治理策略：系统主站根据台区监测设备采集的实时电压、电流数据，通过预定逻辑判断三相电流不平衡情况，并控制现场换相开关调整三相负荷平衡。

四、工程情况

2016 年 10 月，该线路无功电压综合自动控制系统投运，实现对现场设备远程可视化监控与运维。同时，通过电网仿真计算软件对无功电压、谐波和三相电流不平衡进行实时分析，并提供运行策略。

系统主站硬件包括服务器、控制子站、隔离装置、通信管理机、路由器、交换机等设备，主站安装于供电公司机房，配电网无功电压综合自动控制系统主接线如图 3-1-2 所示。主站软件包括控制部分、Web 发布部分，其中控制部分部署在 I 区网络，负责配网无功电压全局优化；Web 发布部分部署在 III 区网络，负责设备的运行分析统计和管理。

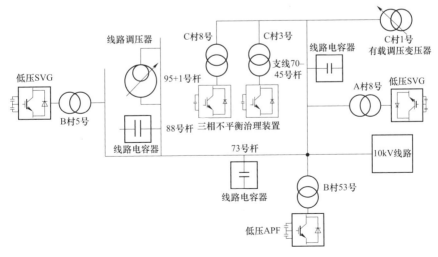

图 3-1-2　主接线示意图

本案例采用的配电网无功电压综合自动控制系统治理设备配置清单见表 3-1-1。

表 3-1-1　配电网无功电压综合自动控制系统治理设备清单

治理设备	设备数量	安装位置
10kV 线路电容器	3	88 号杆、73 号杆、支线 70-45 号杆
配电变压器低压 SVG	2	A 村 8 号变压器、B 村 5 号变压器
10kV 线路调压器	1	95+1 号杆
有载调压配电变压器	1	C 村 1 号变压器
低压 APF	1	B 村 53 号变压器
三相不平衡自动调节装置	2	C 村 3 号变压器和 C 村 8 号变压器

1. 10kV 线路电容器配置

在 88 号杆、73 号杆和支线 70-45 号杆处各安装 10kV 线路电容器一台，容量均为 600kvar（2×300kvar），现场安装图如图 3-1-3 所示。

(a)　　　　　　　　(b)　　　　　　　　(c)

图 3-1-3　线路电容器现场安装图

（a）88 号杆；（b）73 号杆；（c）70-45 号杆

2. 配电变压器低压 SVG 配置

A 村 8 号配电变压器低压侧安装一台 SVG，容量±100kvar；B 村 5 号配电变压器低压侧安装一台 SVG，容量±50kvar，现场安装图如图 3-1-4 所示。

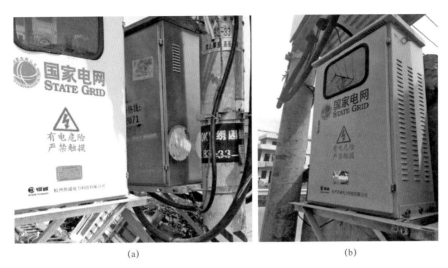

(a)   (b)

图 3 - 1 - 4 配电变压器低压侧 SVG 现场安装图

（a）A 村 8 号变压器；（b）B 村 5 号变压器

3. 10kV 线路调压器配置

在 95 + 1 号杆处加装一台线路调压器，额定容量 2000kVA，调节范围±4 ×
3.75%，现场安装图如图 3 - 1 - 5 所示。

图 3 - 1 - 5 线路调压器现场安装图

4. 有载调压配电变压器配置

C 村 1 号配电变压器更换为有载调压配电变压器，其分接头调节范围为±4 ×
2.5%，现场安装图如图 3 - 1 - 6 所示。

图 3-1-6　有载调压配电变压器现场安装图

5. 低压 APF 配置

在 B 村 53 号配电变压器低压侧配置 APF 装置，容量为 50A，现场安装图如图 3-1-7 所示。

图 3-1-7　低压 APF 现场安装图

6. 三相不平衡自动调节装置配置

在 C 村 3 号和 8 号两个配电变压器低压侧加装三相不平衡调节装置，现场安装图如图 3-1-8 所示。

（a）　　　　　　　　　　　　　　　　（b）

图 3-1-8　配电变压器三相不平衡调节装置现场安装图

（a）C 村 3 号变压器；（b）C 村 8 号变压器

五、工程应用效果

1. 整体效果

该系统从无功电压、谐波及三相电流不平衡等方面对 10kV 线路进行电能质量综合治理。系统投运后，对各项电能质量数据开展为期 3 个月的收集，总体情况如下：该线路功率因数由 0.75 提升至 0.96，用户综合电压合格率由 85.5% 提升至 99.2%，电压总谐波畸变率由 6.4% 下降到 1.2%，电流总谐波畸变率由 20.4% 下降至 3% 左右，台区三相电流不平衡度由最高 51.2% 下降至 12% 左右。治理效果对比见表 3-1-2。

表3-1-2　　　　　　　　治 理 效 果 对 比

治理效果	功率因数	电压合格率（%）	电压总谐波畸变率（%）	电流总谐波畸变率（%）	三相电流不平衡度（%）
投运前	0.75	85.5	6.4	20.4	51.2
投运后	0.96	99.2	1.2	3	12

2. 典型治理点分析

C 村 1 号配电变压器更换为有载调压配电变压器。配电网无功电压综合自动控制系统投运后，C 村 1 号配电变压器 A 相电压合格率由投运前的 79.4% 提升至 100.0%，B 相电压合格率由 74.3% 提升至 99.8%，C 相电压合格率由 76.8% 提升至 99.2%。

73 号杆安装容量为 600kvar 线路电容器。该线路无功电压综合自动控制系统投运后，73 号杆电压合格率由投运前的 81.2% 提升至 98.3%，该杆后端配电变压器平均电压合格率由 77.3% 提升至 98.7%，见表 3-1-3。

表 3-1-3　　　　73 号杆线路电容器投运前后电压合格率对比　　　　单位：%

监测点	投运前	投运且控制系统运行
73 号杆电压合格率	81.2	98.3
后端配电变压器平均电压合格率	77.3	98.7

B 村 53 号配电变压器低压侧配置容量为 50A 的 APF 装置。无功电压综合自动控制系统投运后，电压总谐波畸变率由投运前的 6.4% 下降至 1.2%，电流总谐波畸变率由 25.3% 下降至 3.8%，见表 3-1-4。

表 3-1-4　　　　B 村 53 号变压器 APF 安装前后数据对比

设备	状态	电压（V）	电流（A）	有功（kW）	电压总谐波畸变率（%）	电流总谐波畸变率（%）
B 村 53 号变压器	运行前	231.3	120.1	69.9	6.4	25.3
	运行后	231.3	120.5	65.64	1.2	3.8

C 村 3 号配电变压器低压侧安装了三相不平衡调节装置。无功电压综合自动控制系统投运后，三相电流不平衡度由最大时刻的 51.2% 下降至 1.5%，如图 3-1-9 所示。

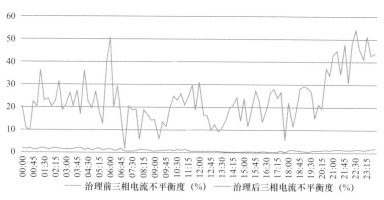

图 3-1-9　C 村 3 号变压器治理前后三相电流不平衡度对比图

六、技术适用场景

配电网无功电压综合自动控制技术为配电线路的电能质量监测、分析、决策、治理提供了科学的技术手段，该技术适用于解决用电结构复杂区域的配电线路中存在的无功电压、谐波及三相电流不平衡等电能质量问题。尤其是对于一些老旧街道、社区，现场环境复杂，电网设备陈旧，各类电能质量问题多发，电网大规模改造实施难度较大的情况。该技术的运用可以在避免电网大范围改造的同时有效解决各类电能质量问题，迅速提升配电线路和配电台区电能质量水平。

 [案例 3-2] 河南某配电台区三相不平衡治理

治理对象：单相负荷集中接入的配电台区
治理问题：三相不平衡
治理技术：分相自动补偿
治理设备：三相不平衡调节装置
应用时间：2017 年 6 月

一、案例简介

某地区电网处于省网末端，网架结构较为薄弱，用电负荷以农业为主，配网中小型生产作坊及分散式低压商业用户较多，单相负荷离散性、随机性、波动性特点较为显著，造成配电台区三相负荷不平衡现象较为严重，难以依靠人工手段实时调节使三相负荷平衡。2016 年 6 月，该地区低压三相负荷不平衡度大于 30% 的配电台区占 25% 以上，导致配电变压器供电能力下降，线路及配电变压器的电能损耗加大。

加装三相不平衡调节装置后，配电台区三相负荷不平衡度从 45% 降至 3%，三相电压不平衡度从 1.9% 降至 1.36%，三相不平衡情况得到明显改善。

二、问题分析

以该地区某配电台区为例，台区配电变压器额定容量为 200kVA，供电半径 0.77km，用户数 132 户。根据系统监测数据，该配电台区长期存在三相不平衡问题，月均三相负荷不平衡度在 40% 以上，三相负荷不平衡度最高时超过 70%，且负荷波动性大，难以依靠人工调节手段均衡负荷。

三、技术方案

对于台区三相不平衡问题，一般采用人工调节负荷、加装三相不平衡调节装置或智能换相开关等方式。本案例中，该配电台区三相负荷具有明显的随机性、波动性，难以通过人工调节手段均衡负荷；同时，该台区部分用电负荷属敏感负荷，换相开关在切换负荷时，可能会造成敏感负荷出现停机现象；而三相不平衡调节装置采用全控型电力电子变换器，控制速度快，精度高，对敏感用户影响小。综上考虑，本案例采用了三相不平衡调节装置对该台区进行三相不平衡治理。

三相不平衡调节装置结构原理图如图 3-2-1 所示。三相不平衡调节装置通过电流互感器实时监测 A、B、C 相负荷电流 I_{LA}、I_{LB}、I_{LC}，并分析判断是否处于不平衡状态，如果处于不平衡状态，则计算为达到三相平衡各相所需要补偿的电流值，并控制 IGBT 功率变换器产生相应的补偿电流，使得 $I_{SA} = I_{SB} = I_{SC}$，从而实现三相不平衡的动态补偿。

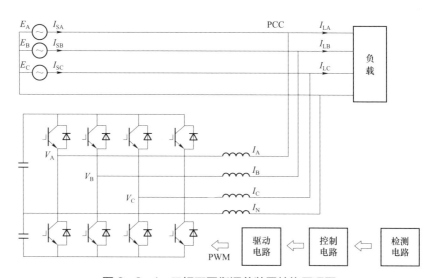

图 3-2-1　三相不平衡调节装置结构原理图

四、工程情况

1. 工程概况

2017 年 6 月，该配电台区实施工程技术改造，安装了补偿容量为 75A 的三相不平衡调节装置。装置采用柱上安装方式，并联于配电变压器低压侧，其现场安装图如图 3-2-2 所示。

2. 装置参数

该配电台区采用的三相不平衡调节装置主要参数见表 3-2-1。

三相不平衡
调节装置

配电变压器

图 3-2-2　现场安装图

表 3-2-1　　　　　　　　　三相不平衡调节装置主要参数

结构	户外箱式
额定电压	400V
补偿容量	75A
散热模式	智能风冷
等效开关频率	25.6kHz
瞬时响应时间	<0.1ms
全响应时间	<20ms
负序与零序补偿功能	有
通信接口	RS485/RS422/以太网/CAN Modbus

五、工程应用效果

结合系统监测数据，对该配电台区三相不平衡调节装置投运前（2017 年 5 月 18 日）及投运后（2018 年 6 月 7 日）三相不平衡情况进行比对分析。

1. 三相负荷不平衡

三相不平衡调节装置投运前后，该配电台区变压器低压侧三相电流曲线如图 3-2-3、图 3-2-4 所示。三相不平衡调节装置投运后，该配电台区变压器低压侧三相负荷不平衡度从 45%降至 3%，三相负荷不平衡状况显著改善。

2. 三相电压不平衡

三相不平衡调节装置投运前后，该配电台区变压器低压侧三相电压曲线如图 3-2-5、图 3-2-6 所示。三相不平衡调节装置投运后，该配电台区变压器低压侧三相电压不平衡度从 1.9%降至 1.36%，三相电压不平衡度明显改善。

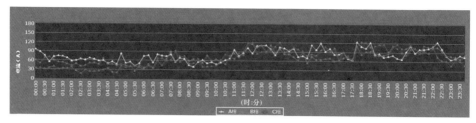

图 3-2-3　投运前配电台区低压侧三相电流曲线

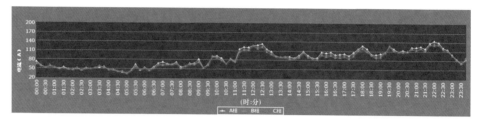

图 3-2-4　投运后配电台区低压侧三相电流曲线

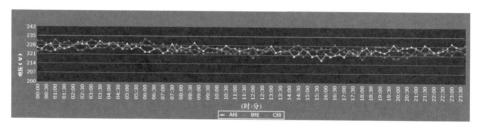

图 3-2-5　投运前配电台区低压侧三相电压曲线

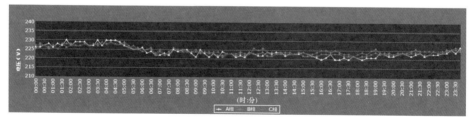

图 3-2-6　投运后配电台区低压侧三相电压曲线

　　本案例所采用的三相不平衡调节装置体积较小，安装方便，建设与改造难度低，每台约 3.6 万元。2016～2018 年，该地区共在配电台区变压器低压侧安装了 82 台三相不平衡调节装置，有效改善了配电台区电能质量，降低了电能损耗，提高了配电变压器的供电能力，经济效益与社会效益显著。

六、技术适用场景

　　本案例采用的三相不平衡调节装置利用电力电子技术，可实时跟踪并补偿配电台区三相不平衡电流，改善配电台区电能质量，具有可控制性强、响应速度快等优点。

本技术适用于三相负荷不平衡较为严重，负荷波动性、随机性大且对补偿精度、响应速度要求高的新建、改扩建配电台区。

 [案例 3-3] 天津某配电台区三相不平衡治理

治理对象：居民和商业负荷集中接入的配电台区
治理问题：三相不平衡
治理技术：智能换相
治理设备：智能换相装置
应用时间：2018 年 1 月

一、案例简介

某低压配电台区变压器额定容量为 315kVA。2017 年度夏期间（7 月 1 日至 9 月 30 日），根据系统监测数据，该配电台区三相负荷不平衡度严重超标（最大值达到 76.18%），三相电压不平衡度 2.01%，超过国标限值（2%）。

加装智能换相装置后，该台区三相负荷不平衡度基本控制在 15% 以下，三相电压不平衡度由 2.01% 降至 0.61%。

二、问题分析

该低压配电台区主要为居民和商业负荷，用电高峰时台区负载率可达到 93.86%，三相负荷不平衡度平均约 40%。2017 年度夏期间，该低压配电台区发生三相负荷不平衡越限 36 次（三相负荷不平衡度 > 25%，负载率 > 60%，且持续 2h 以上），最大不平衡度达到 76.18%，越限时间共计 290.5h，达到严重不平衡状态，其中 A 相在用电高峰时（电流达 305A）有过载的风险。依靠运维人员频繁停电换相，将严重影响居民和商业用电，且调整效果不明显，因此需通过技术手段解决。

三、技术方案

本案例采用智能换相技术，在该配电台区加装智能换相装置进行三相不平衡治理。智能换相装置通过直接调整负荷所在的相别实现三相负荷电流的平衡，从源头上解决三相不平衡造成的线路损耗和由于三相负荷不平衡造成的用户低电压等问题。

1. 装置构成

智能换相装置由主机和分机组成，两者配合完成三相不平衡问题的治理。主机安装于台区出口，是整个装置的控制核心；分机安装于台区用户端，是装置的采集执行机构，负责采集负荷电流数据，并与分机状态信息一起上传给主机，同时接收主机的换相命令进行换相操作。分机换相开关根据主机下发的切换命令在 20ms 内完成负荷切换，对台区负荷进行重新分配，使配电变压器低压侧负荷基本保持在平衡状态。智能换相系统结构图如图 3-3-1 所示。

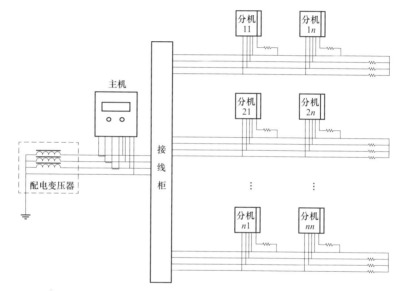

图 3-3-1　智能换相装置结构示意图

2. 工作原理

主机采集配电变压器低压侧总进线的三相电流大小和各支路的三相电流后，主机判断各支路的三相负荷不平衡度是否超过设定值（本案例设定为15%），若超过设定值，主机采集相应支线分机的实时数据，包括分机所在相别和实时负荷电流大小，再通过模拟切换算法计算出最佳切换方案，并向相应分机发出切换指令，分机接收到主机命令后执行换相操作并返回执行结果。当各支路三相负荷不平衡度都达到设定值以下时，主机再判断配电变压器低压侧总线的三相负荷不平衡度是否超过了设定值，若超过设定值，主机采集所有支线分机的实时数据，并通过模拟切换算法计算最佳切换方案，并发出分机切换操作指令，最终实现三相总线、各支线均达到平衡的效果。主机和分机之间通过 GPRS 无线通信进行信息交互，通信示意图如图 3-3-2 所示。

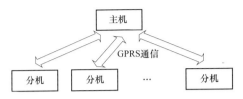

图 3-3-2　智能换相系统通信示意图

四、工程情况

2018 年 1 月，在该配电台区装设主机 1 台，分机 8 台，组建智能换相系统，主机装设在台区配电变压器出口处，分机装设在负荷波动较大的商业负荷分支处，安装布置情况如图 3-3-3 所示。主机、分机现场安装图分别如图 3-3-4、图 3-3-5 所示。智能换相装置主要技术参数见表 3-3-1。

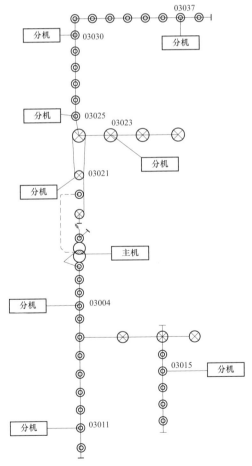

图 3-3-3　智能换相装置安装布置图

图 3-3-4　主机安装图

图 3-3-5　分机安装图

表 3-3-1　　　　　　　　智能换相装置的主要技术参数

项目	参数
额定电压	220V
最大可带负载电流	120A
最大可切换能力	100A
动作寿命	机械寿命>10^6次，电气寿命>10^5次
切换断电时间	≤20ms
准确度等级	电压、电流 0.5S 级
功耗	电压回路：正常工作时：≤1W/1.5VA，执行切换命令时：≤10W，电流回路功耗≤1VA
通信传输范围	整个配电变压器台区

五、工程应用效果

通过在线监测系统，采集该配电台区在智能换相系统安装前的 2018 年 1 月 20 日及安装后的 2018 年 2 月 5 日全天数据，进行三相不平衡治理对比分析。

1. 三相负荷不平衡治理效果

智能换相装置投运前，该台区三相负荷不平衡度平均在 40%左右，最高值达到 76.18%；投运后，该台区三相负荷不平衡度基本控制在 15%以下，三相负荷不平衡改善明显，未出现超标情况。投运前后配电台区低压侧三相电流曲线分别如图 3-3-6、图 3-3-7 所示。

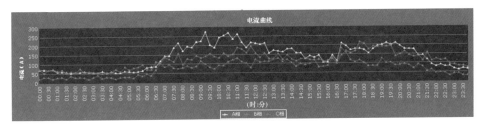

图 3-3-6　投运前配电台区低压侧三相电流曲线

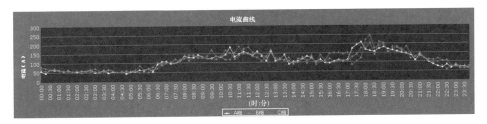

图 3-3-7　投运后配电台区低压侧三相电流曲线

2. 三相电压不平衡治理效果

智能换相装置投运后，三相电压不平衡度由 2.01%降低至 0.61%，三相电压不平衡情况得到明显改善。投运前后配电台区低压侧三相电压曲线分别如图 3-3-8、图 3-3-9 所示。

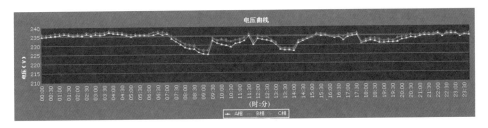

图 3-3-8　投运前配电台区低压侧三相电压曲线

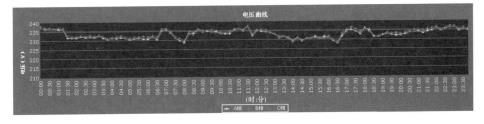

图 3-3-9　投运后配电台区低压侧三相电压曲线

3. 投资效益分析

该配电台区加装智能换相装置的成套费用约 30 万元，改造完成后，本技术代替了人工换相，降低了线路损耗，节省了运行成本，达到预期目标。

六、技术适用场景

本案例通过调整负荷所在的相别，自动、实时、快速准确地将用电负荷均分在各相上，实现三相负荷电流的平衡，从根本上解决三相不平衡问题。本技术可代替人工换相，节省人力资源，提高供电的电能质量，降低线路损耗，延长变压器寿命。

本技术适用于供电半径较长、低压主干线和主要分支线为三相供电而单相负荷较多的新建、改扩建配电台区，且供电范围内无对可靠性要求高的敏感负荷。

 ［案例 3-4］安徽某含分布式光伏的配电台区电能质量综合治理

治理对象：分布式光伏集中接入的配电台区
治理问题：谐波、三相负荷不平衡、功率因数偏低
治理技术：基于有源滤波原理的综合调节技术
治理设备：有源电能质量综合调节装置
应用时间：2017 年 10 月

一、案例简介

农村电网具有配电台区布点少、配电距离长、线径设计偏小的特点，靠近用户端的低压台区，用户类型多样，而用电负荷启停随机且接入无序，易造成三相负荷不平衡。随着国家光伏扶贫项目在农村电网中的推进，台区用电负荷的时变性和光伏发电的波动性不断加剧，谐波、功率因数、三相负荷不平衡等问题不断显现，危及台区内用电设备的正常运行。某台区曾发生光伏逆变器无法投运以及居民家用电器损坏等现象，对其进行电能质量测试，发现该台区的谐波电流主要以 3、5 次和 7 次为主（分别高达 9.94、5.9A 和 4.92A），平均功率因数为 0.8，负序和零序电流最高可达 15.95A 和 12.61A。

加装有源电能质量综合调节装置后，3、5 次和 7 次谐波电流均减小至 1.5A 以下，功率因数提高至 0.98，负序和零序电流降低至 0.89A 和 1.64A，电能质量综合治理效果明显。

二、问题分析

某地区农村电网，台区布点密度为 0.55 台/km²、10kV 平均供电半径约 9km。

该地区的扶贫光伏多通过 220V 3～5kW 单相壁挂式光伏逆变器无序接入电网,
用电端和发电端均存在不平衡,且受光伏发电功率变化影响,电网潮流双向流
动,进一步加剧了三相负荷不平衡问题;台区负荷因消纳光伏发电功率并从电
网吸收无功功率,造成了台区功率因数的降低。与此同时,大量光伏逆变器并
网引起的谐波问题也不容忽视。对该低压台区进行测试,其电流波形严重畸变
为"三角波",以 3、5 次和 7 次谐波为主,且三相电流存在明显的不平衡。某
含分布式扶贫光伏低压台区测试结果如图 3-4-1 所示。

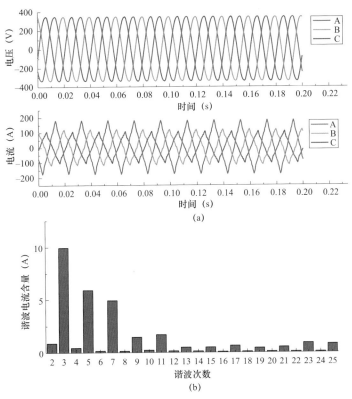

图 3-4-1 含分布式扶贫光伏低压台区测量结果

(a)电压电流波形图;(b)谐波电流频谱图

三、技术方案

低压台区出现的电能质量问题往往由多重因素引起,且相互影响。在电能
质量治理方案的选择时,也需综合考虑各种问题,采用治理目标单一的治理设
备,无法实现电能质量问题的综合治理,而采用多种治理设备的组合,治理设
备间又存在协调控制困难、设备间相互影响等问题。为快速、高效、综合解决

含分布式扶贫光伏低压台区谐波、功率因数低以及三相负荷不平衡问题，本案例采模块化设计的有源综合治理技术，在台区配电变压器低压侧并联有源电能质量综合调节装置进行综合治理。

1. 工作原理

基于 APF 原理设计的有源电能质量综合调节装置，并联接入低压配电线路，采用基于瞬时无功理论的检测算法提取被检测电流中的负序、零序、谐波以及无功分量，作为装置控制器的输入信号。控制器通过 PWM 调制技术，控制装置输出相反的补偿电流，实现谐波、功率因数、三相负荷不平衡的快速检测与综合治理。装置采用模块化结构，每个模块分别由断路器、控制器、滤波器、变流器组成。各模块并联运行，模块间工作、维护相互独立。在电网不停电情况下，可实现模块快捷安全的扩增、更换以及检修。

有源电能质量综合调节装置拓扑和实物如图 3-4-2、图 3-4-3 所示。

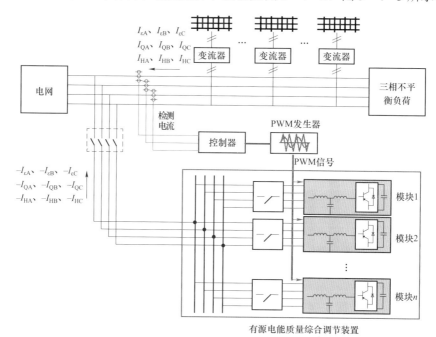

图 3-4-2　有源电能质量综合调节装置拓扑图

2. 装置补偿方式

有源电能质量综合调节装置主要有四种补偿方式：系统侧集中补偿、负荷群侧集中补偿、干扰负荷侧就地补偿和混合协同补偿，装置四种补偿方式及适用条件见表 3-4-1。

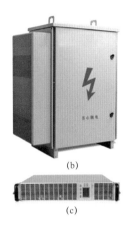

(a)

(b)

(c)

图 3-4-3　有源电能质量综合调节装置实物图

（a）整体图；（b）机箱；（c）模块

表 3-4-1　　　　　　装置四种补偿方式及适用条件一览表

选用依据	补偿方式			
	方式 1	方式 2	方式 3	方式 4
	系统侧集中补偿	负荷群侧集中补偿	干扰负荷侧就地补偿	混合协同补偿
干扰负荷数量	多	多	少	多
干扰负荷分布	分散	集中	—	分散
单个干扰负荷容量	小	小	大	大和小
供电线路	短或中等	远	—	无要求
备注	—	若 TA 安装困难，可采用方式 1	—	—

　　根据含分布式光伏的低压台区的供电线路长度以及干扰负荷特征，适合采用系统侧集中补偿方式。采用集中补偿方式的台区电气主接线示意图如图 3-4-4 所示，电流的检测点位于配电变压器低压进线侧。

　　3．装置安装方式

　　有源电能质量综合调节装置的安装方式主要采用户外柱上安装，柜式结构，柜内模块采用插拔方式安装。

　　4．装置容量选型

　　（1）根据电能质量现场测试，得到台区功率因数、谐波电流、负序和零序电流，然后按照式（3-4-1）～式（3-4-5）确定装置总的补偿容量。

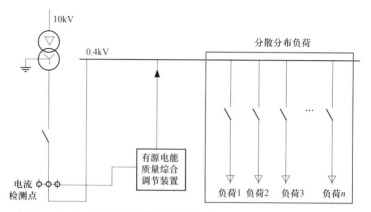

图 3-4-4 采用系统侧集中补偿方式的台区电气主接线示意图

1）无功电流补偿量

$$I_{\mathrm{Q,demand}} = \frac{P_1}{\sqrt{3}U_{\mathrm{N}}}(\tan\varphi_1 - \tan\varphi_2) \qquad (3-4-1)$$

式中　P_1——低压台区变压器二次侧有功功率，kW；

　　　φ_1——补偿前供电线路的基波功率因数角，（°）；

　　　φ_2——补偿后供电线路的基波功率因数角，（°）；

　　　U_{N}——变压器二次侧额定电压，kV。

2）三相负荷不平衡电流补偿需量

$$I_{\mathrm{ub,demand}} = \sqrt{I_0^2 + I_2^2} \qquad (3-4-2)$$

式中　I_0——基波零序电流，A；

　　　I_2——基波负序电流，A。

3）谐波电流补偿需量

$$I_{\mathrm{H,demand}} = \frac{k_{\mathrm{H}} \times S_{\mathrm{T}} \times \eta_{\mathrm{T}}}{\sqrt{3} \times U_{\mathrm{N}} \times \sqrt{1 + \mathrm{THD}_{\mathrm{I}}^2}} \times \mathrm{THD}_{\mathrm{I}} \qquad (3-4-3)$$

式中　S_{T}——变压器额定容量，MVA；

　　　η_{T}——配电变压器负荷率，%；

　　$\mathrm{THD}_{\mathrm{I}}$——电流总谐波畸变率，%；

　　　k_{H}——考虑电能质量限值、谐波补偿率和电能质量治理工程投资预算的
　　　　　综合补偿系数在0～1.0，最佳谐波补偿率时取1.0，最经济补偿
　　　　　率需根据谐波滤除后注入系统的谐波电流满足限值要求进行
　　　　　测算。

4）总补偿电流需量

$$I_{demand} = k \times \sqrt{I_{Q,demand}^2 + I_{ub,demand}^2 + I_{H,demand}^2} \quad (3-4-4)$$

式中　k——补偿裕量系数，当装置只补偿无功电流时，取 1.1～1.2；当治理装置进行综合补偿时，取 1.2～1.3。

5）装置容量确定

$$\begin{cases} n = \text{INT}\left(\dfrac{I_{demand}}{I_{N,sm}}\right) + 1 \\ I = n \times I_{N,sm} \end{cases} \quad (3-4-5)$$

式中　n——装置安装模块总数量；

$I_{N,sm}$——单个模块额定电流，A；

INT——取整函数；

I——装置安装容量，A。

最后根据总模块数量，确定装置套数以及柜内模块数量，需注意本案例的每套装置最多可容纳 4 个模块。

（2）可根据台区变压器容量对装置容量、套数和模块数量进行估算，装置容量选型与变压器容量对照表见表 3-4-2。

表 3-4-2　　　　　　　　装置容量选型与变压器容量对照表

变压器容量（kVA）	200	315	400	630
装置容量（A）	70	100	150	200
装置套数（套）	1	1	2	2
模块数量（个）	3	4	6	8

四、工程情况

2017 年对该地区某含分布式光伏的低压台区实施工程技术改造，同年 10 月工程投运。该台区变压器容量为 200kVA，用电负荷以居民家用电器类为主，全年最大用电功率约 120kW，台区共接入 78kWp 的单相扶贫分布式光伏。

该台区干扰负荷数量多，单体容量小且分布分散，采用系统侧集中补偿方式。根据台区变压器容量，安装 1 套 70A 的有源电能质量综合调节装置，柜内共计 3 个模块。

该低压台区的有源电能质量综合调节装置的技术参数一览表见表 3-4-3。

表 3-4-3　　　　　　技 术 参 数 一 览 表

参数	技术指标	参数	技术指标
额定电压	400V	结构形式	功能单元模块化
整机效率	>96.5%	电路拓扑	三电平
装置容量	70A	运行温度	-20～50℃
模块数量	3 个	相对湿度	5%～95%，无凝露
响应时间	<10ms	防护等级	IP54
接线方式	三相四线		

五、工程应用效果

为对比分析有源电能质量综合调节装置投入前后谐波、功率因数和三相负荷不平衡的治理效果，在该台区变压器低压侧设置测试点，并在测试期间控制装置多次退出、投入，并对每次装置退出和投入操作过程作数据记录，共记录4 组测试数据，具体测试结果分析如下：

1. 谐波电流滤除效果

装置投入和退出时的谐波电流含量趋势如图 3-4-5 所示；4 组测试过程中台区配电变压器低压进线谐波电流含量变化明显，装置投入相比退出时谐波电流含量明显降低；装置投入前后 2～25 次谐波电流对比见表 3-4-4，3、5、7、11 次谐波电流得到有效滤除。

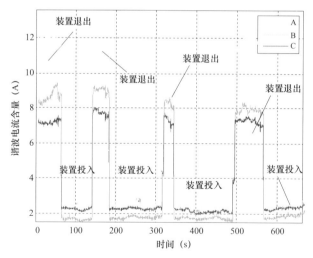

图 3-4-5　装置投入和退出时的谐波电流含量趋势图

表3-4-4　　　装置投入前后2～25次谐波电流对比一览表

谐波次数		2	3	4	5	6	7	8	9	10	11	12	13
谐波电流 （A）	装置退出	0.87	9.94	0.44	5.9	0.15	4.92	0.13	1.45	0.21	1.67	0.13	0.47
	装置投入	0.97	1.58	0.48	0.91	0.21	0.62	0.12	1.56	0.25	0.33	0.16	0.25
谐波次数		14	15	16	17	18	19	20	21	22	23	24	25
谐波电流 （A）	装置退出	0.11	0.48	0.06	0.63	0.08	0.42	0.09	0.51	0.08	0.9	0.08	0.81
	装置投入	0.12	0.68	0.09	0.56	0.1	0.46	0.1	0.42	0.11	1	0.09	0.87

2. 三相负荷不平衡补偿效果

装置投入和退出时的基波电流有效值趋势如图3-4-6所示，装置投入后，呈现三相负荷平衡状态，三相电流有效值曲线基本重合；装置投入前后基波负序和零序电流对比见表3-4-5，基波负序和零序电流明显减小。

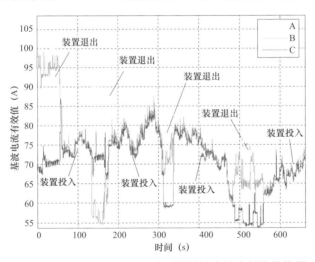

图3-4-6　装置投入和退出时的基波电流有效值趋势图

表3-4-5　　　装置投入前后基波负序和零序电流对比一览表

测试组序号		1	2	3	4
负序电流（A）	装置退出	9.58	13.59	15.95	9.11
	装置投入	1.07	1.26	0.89	1.12
零序电流（A）	装置退出	11.61	7.43	12.61	7.73
	装置投入	1.42	1.84	1.64	1.85

3. 无功补偿效果

装置投入和退出时的功率因数趋势如图 3-4-7 所示，装置退出时，台区功率因数降低至 0.8 左右；装置投入运行后，功率因数可以提升到 0.98 以上，装置治理效果良好且响应迅速。

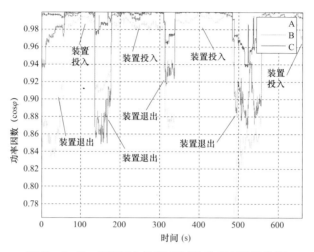

图 3-4-7　装置投入和退出时的功率因数趋势图

设备投运 1 年多以来，有效提升了台区电能质量，避免了分布式光伏逆变器和居民家用电器的损坏，经济效益和社会效益明显。

六、技术适用场景

本案例采用的有源电能质量综合调节装置，实现了谐波、无功、三相负荷不平衡等电能质量问题综合治理，治理效果优良，其模块化的结构设计实现了装置的便捷扩容和维护，可适用于不同配电变压器容量的低压配电台区。

该装置在工程应用选型与设计时应考虑下列因素：

（1）适用于谐波、功率因数、三相负荷不平衡等多种电能质量问题并存的低压台区的综合治理，对于单一电能质量指标的治理建议采用专用设备，例如治理谐波的 APF；

（2）装置的最佳安装点要根据应用场景内负荷的容量以及分布特征确定；

（3）装置容量、模块数量徐根据台区实测稳态电能质量指标的变化范围确定；

（4）装置的安装方式结合台区变压器的安装方式确定。户外安装时，应注意装置的防护等级和散热性能是否满足使用要求。

本装置适用于受谐波、功率因数和三相负荷不平衡长期困扰的新建、改扩建低压配电台区。

新能源发电场站电能质量治理典型案例

 [案例 4-1] 湖南某风电场谐波治理

治理对象：风电场

治理问题：谐波

治理技术：感应滤波、动态无功补偿

治理设备：感应滤波集成装置［感应整流变压器、无源滤波器（PF）及静止无功发生器（SVG）］

应用时间：2015 年 12 月

一、案例简介

某风电场总装机容量 100MW，安装有 50 台单机额定功率 2.0MW 的永磁直驱型风力发电机组，由额定容量为 100MVA 的主变升压并入 110kV 电网。在风电场接入系统设计阶段，开展电能质量预评估时发现存在 5 次和 7 次谐波电流超标情况，为避免谐波对电网产生不良影响，设计采用感应滤波集成装置对谐波进行治理。

风电场配置的感应滤波集成装置随风电场同步建设和投运，当无源滤波器投运后，风电场注入电网的 5 次谐波电流值由 6.81A 降低至 2.07A，电压总谐波畸变率由 1.83% 降低至 1.41%，满足国标要求，风电场电能质量得到提升。

二、问题分析

对于直驱型风力发电机组，发电机本身产生的谐波是可以忽略的，谐波电流的主要来源是风电机组并网变换器，典型的直驱型风力发电机组结构如图 4-1-1 所示。

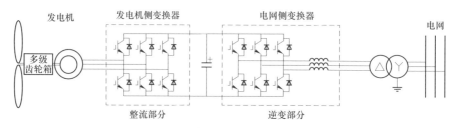

图 4-1-1　直驱型风力发电机组结构图

根据风电场设计布局及参数，考虑风电场接入电网背景谐波水平，建立风电场电能质量仿真模型。仿真结果表明，在风电场最大出力时，并网侧 5 次谐波电流为 8.38A，超过国标限值（4.75A），7 次谐波电流为 4.48A，超过国标限值（3.60A），应采取治理措施。

三、技术方案

针对谐波问题，普遍采用无源滤波器和有源滤波器进行治理，但无源滤波器需考虑避免与电网发生谐振，一般采用偏调谐设计，且滤波效果易受系统阻抗的影响，滤波效果不佳；有源滤波器谐波治理效果优良，但设备成本较高。本案例采用感应滤波技术将感应滤波变压器与无源滤波器结合，实现特定频次滤波支路谐波阻抗接近于零，以达到良好滤波效果。相对于直接在低压母线加装滤波器的方式，基于感应滤波技术的无源滤波器采用全调谐设计，针对特定次谐波的滤波效果好。此外，滤波支路可有效阻挡电网背景谐波侵入，起到谐波隔离作用。另外，除滤波之外，感应滤波变压器可用作常规升压变压器使用，风电场额外增加的投资少。因此，本方案采用感应滤波技术进行风电场谐波治理。

1. 感应滤波技术原理

感应滤波技术原理图如图 4-1-2 所示。图中，Z_{1h}、Z_{2h}、Z_{3h} 分别为感应滤波变压器的高压绕组（接电网）、低压绕组（接风机负载）、滤波绕组（接滤波器）的等值谐波阻抗，Z_{fh} 为配套无源滤波器的等值谐波阻抗，I_h 为负载产生的谐波电流，I_{1h}、I_{2h}、I_{3h} 分别为流入感应滤波变压器的高压绕组、低压绕组、滤波绕组的谐波电流。负载产生的谐波电流从端点 2 注入，由于感应滤波绕组

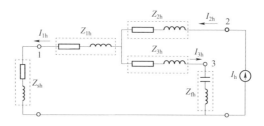

图 4-1-2　感应滤波技术原理图

和无源滤波器构成了特定频次谐波零阻抗支路，理论上谐波电流几乎全部从端点 3 流出，从端点 1 流出的很小，从而保证风机负载产生的谐波尽量少的流入电网。

2. 感应滤波变压器绕组布置

感应滤波变压器的绕组布置如图 4-1-3 所示，滤波绕组布置在高压绕组和低压绕组中间，高压绕组在外侧，便于出线，通过绕组布局及参数设计，实现滤波绕组特定频次谐波零等值阻抗。

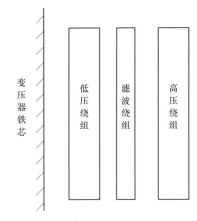

图 4-1-3 感应滤波变压器绕组布置图

3. 感应滤波集成装置组成

感应滤波集成装置由感应滤波变压器、无源滤波器（PF）和静止无功发生器(SVG)等部件组成，SVG 为选配设备，拓扑如图 4-1-4 所示。感应滤波变压器相当于在普通变压器中增设一套滤波绕组，滤波绕组采用零等值阻抗特殊设计，滤波绕组外接 SVG、PF 等补偿类设备；PF 作为感应滤波集成装置的静态设备，主要用于吸收谐波及提供固定无功补偿；SVG 作为感应滤波集成装置的动态设备，主要用于动态无功补偿，抑制电压波动。

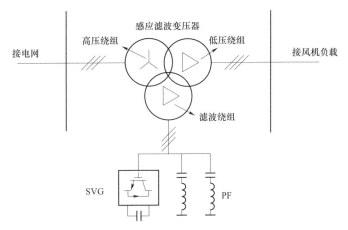

图 4-1-4 感应滤波集成装置拓扑图

四、工程情况

2015 年 12 月，根据风电场建设计划，同步配置的感应滤波集成装置投运，感应滤波集成装置设备占地约 100m²。配置感应滤波集成装置的风电场电气主接线图如图 4-1-5 所示。

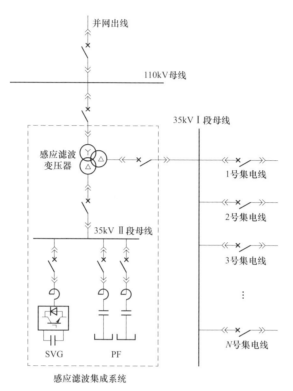

图 4-1-5 配置感应滤波集成装置的风电场电气主接线图

感应滤波集成装置现场安装图如图 4-1-6 所示。

(a)

(b)

图 4-1-6 感应滤波集成装置现场安装图 (一)

(a) 感应滤波变压器;(b) 无源滤波器

(c)

图 4-1-6　感应滤波集成装置现场安装图（二）

（c）静止无功发生器

感应滤波集成装置针对 5 次和 7 次谐波治理需求，采取工程定制设计，配套 5 次和 7 次单调谐滤波器各一组，电压等级为 35kV，额定容量均为 7.2Mvar；配套一组静止无功发生器，电压等级为 35kV，额定补偿容量范围为感性 12Mvar 至容性 12Mvar 动态可调。感应滤波变压器参数见表 4-1-1。

表 4-1-1　　　　　　　　　感应滤波变压器参数

项目	参数
额定电压（高压绕组/低压绕组/滤波绕组，kV）	115±8×1.25% /36.75/35
额定容量（高压绕组/低压绕组/滤波绕组，MVA）	100/100/25
连接组标号	YN/d11/d11
短路电压百分比（%）	U_k（高－低）=10.76 U_k（高－滤）=6.72 U_k（低－滤）=4.19

五、工程应用效果

为验证感应滤波集成装置的实际应用效果，国家风电技术与检测研究中心对该装置的无源滤波器投入前后风电场110kV并网点的电能质量治理效果进行连续测试。

感应滤波集成装置未投滤波器时，风电场并网点的 5 次谐波电流值为 6.81A，超过国标限值（4.75A）；投入滤波器后，风电场并网点的5次谐波电流值为 2.07A，满足国标限值要求，对风电场产生的 5 次谐波具有良好的抑制作用，且其他各次谐波电流也均能满足国标要求。滤波器投运前后110kV侧谐波电流对比见表 4-1-2。

表 4-1-2 滤波器投运前后 110kV 侧谐波电流对比

谐波次数	谐波电流（A）		国标限值（A）
	未投滤波器	投滤波器	
3	2.5	3.6	4.54
5	6.81	2.07	4.75
7	3.24	2.98	3.60

感应滤波集成装置未投滤波器时，风电场并网点电压总谐波畸变率为 1.83%，已接近国标限值（2.0%），5 次谐波电压含有率为 1.15%；投入滤波器后，风电场并网点 5 次谐波电压含有率降为 0.23%，电压总谐波畸变率降低为 1.41%。滤波器投运前后 110kV 侧谐波电压对比见表 4-1-3。

表 4-1-3 滤波器投运前后 110kV 侧谐波电压对比

谐波次数	谐波电压含有率（%）		国标限值（%）
	未投滤波器	投入滤波器	
3	0.83	0.91	1.60
5	1.15	0.23	1.60
7	0.25	0.28	1.60
电压总谐波畸变率	1.83	1.41	2.00

本案例采用的感应滤波技术，通过感应滤波变压器滤波绕组及配套无源滤波装置组成的滤波支路零阻抗设计，具有技术可靠、滤波效果好、隔离电网和用户侧谐波等优势。目前已在风电场、光伏电站等新能源发电场站应用 50 余套。

该风电场运行 3 年多以来，设备运行安全可靠，确保了风电场接入电网的电能质量优良，提升了风电场并网性能，具有良好社会效益。感应滤波变压器相比于常规两绕组变压器增加了一组滤波绕组，变压器费用增加约 10%，其他设备配置不变，投资回收期较短。

六、技术适用场景

该技术在工程应用中应注意以下技术要点：

（1）对于感应滤波变压器，需通过特殊绕组布置及参数设计，达到滤波绕组的零等值阻抗设计；

（2）感应滤波变压器的滤波绕组容量约为高压绕组容量的 25%；

（3）滤波器可设计为全调谐，滤波电抗器基波品质因数应在 50 以上；

（4）可根据实际需求配置滤波器次数。

本技术适用于风电场、光伏电站等新能源电站新建工程，同时也适用于冶金、电化工、轨道交通、电力等存在谐波污染的新建、扩建工程场景。

［案例 4−2］山西某光伏电站谐波治理

治理对象：光伏电站

治理问题：谐波

治理技术：有源滤波

治理设备：有源滤波器（APF）

应用时间：2018 年 6 月

一、案例简介

某 35kV 光伏电站，装机容量 30MW，站内共有 30 个发电单元、60 台三相半桥逆变器。30 个发电单元汇集至 10kV 母线，经 35kV 主变压器升压后以一回 35kV 架空线接入电网某变电站。站内配置一套 7Mvar 的 SVG，主要用于无功补偿，不具备谐波抑制功能，站内无其他滤波装置。光伏电站投运以来，发生多起逆变器烧毁事件。经测试发现该光伏电站 5 次和 7 次等谐波电流严重超标，11 次和 13 次谐波电流也处于较高水平，超标问题由光伏电站自身引起。

在光伏电站 10kV 母线安装一套有源滤波器（APF），装置投运后，光伏电站谐波水平有效降低，5、7 次谐波均满足国标要求，未再发生逆变器烧毁事件，保障了电站设备安全可靠运行。APF 有效滤除谐波的同时，增加了主变压器和箱式变压器的有效容量，经济效益良好，获得光伏发电业主的认可。

二、问题分析

针对某光伏电站发生多起逆变器烧损现象，开展专项测试。测试结果表明，光伏电站共 60 台逆变器（500kW/台），单台逆变器满功率输出时，逆变器端 5、7 次谐波电流分别达 25.86、13.48A，11、13 次谐波电流分别为 6、4A，60 台逆变器输出的谐波电流造成并网点 5、7 次谐波电流严重超标，并导致光伏电站 5 次谐波电压超标。光伏电站谐波电压和谐波电流测试结果见表 4−2−1。

表4-2-1　　　　　　　　光伏电站谐波电压和谐波电流测试结果

谐波次数	35kV 谐波电流（A）		10kV 谐波电流（A）	
	主变压器高压侧	国标限值	主变压器低压侧	国标限值
5	15.36	4.68	54.05	27.38
7	6.03	3.64	22.46	20.53
11	1.05	1.71	3.98	12.73
13	0.71	1.49	2.38	10.81
谐波次数	35kV 谐波电压含有率（%）		10kV 谐波电压含有率（%）	
5	4.60	2.4	3.42	3.20
THD_U	6.27	3	6.11	4

根据光伏电站投运以来运行情况及测试结果，谐波问题已经影响光伏电站安全经济运行，为了确保光伏并网的可靠性及安全性，光伏电站主动启动治理工程。

三、技术方案

为消除谐波问题隐患，综合考虑光伏电站谐波超标、多逆变器汇集后谐波不确定性、治理工程费用和施工难度等因素，采用集中治理方案更适合光伏电站多频次谐波治理需求的场景，具有电流源特性的 APF 可以有效避免与系统产生谐振，谐波抑制效果优于无源滤波器。

APF 主要由控制部分、功率部分和启动部分组成。控制部分主要实现系统谐波的快速检测，并据此产生控制触发信号；功率部分主要由电抗器和功率单元模块组成，采用星形连接通过电抗器接入电网；启动部分主要由断路器及充电电阻组成，实现 APF 软启动功能。

为降低治理工程实施难度，节省系统供电间隔，APF 与 SVG 共用一个间隔，不再单独增设间隔。APF 采用 T 接方式接入现有 SVG 支路断路器和隔离开关之间。新增的 APF 与原有的 SVG 形成综合治理装置，其中 SVG 对无功进行补偿，提高功率因数；APF 则对谐波进行集中治理，具备 2～13 次谐波综合补偿能力，可实现对逆变器产生的 5、7、11 次和 13 次等特定频次谐波的滤除，且能避免与电网产生谐振。

四、工程情况

该 35kV 光伏电站一次系统接线图如图 4-2-1 所示。APF 与 SVG 共用一个间隔，APF 采用 T 接方式接入现有 SVG。APF 采用集装箱式布置，占地 60m²。APF 现场布置如图 4-2-2 所示，APF 参数配置见表 4-2-2。

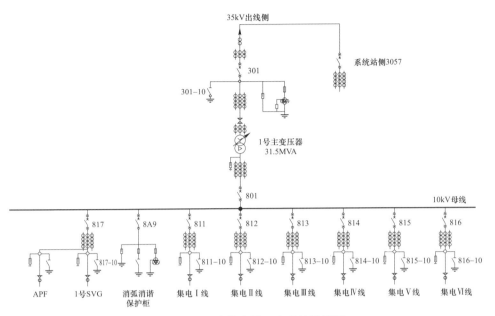

图 4-2-1　光伏电站一次系统接线图

图 4-2-2　APF 现场布置图

表 4-2-2　　　　　　　　　APF 参 数 配 置 表

额定电压（kV）	10
额定电流（A）	231
过电压倍数（标幺值）	1.2
谐波补偿能力	2～13 次谐波
连接方式	Y
响应速度（ms）	＜5

五、工程应用效果

该治理工程于 2018 年 4 月投运，为验证实际应用效果，对 APF 投入前和投入后电能质量状况进行了连续测试。

表 4-2-3 给出了 APF 投入前后光伏电站主变高压侧谐波电压、谐波电流测试对比。APF 投入前，电压总谐波畸变率及 5 次谐波电压均超标，电压总谐波畸变率达到了 6.27%；APF 投入后，各次谐波电压及电压总谐波畸变率均满足国标要求。APF 投入前，5、7 次谐波电流均超标，APF 投入后，各次谐波电流均未超标，APF 谐波治理效果良好。

表 4-2-3 APF 投入前后主变高压侧谐波电压、谐波电流测试数据

谐波次数	谐波电压（%）			谐波电流（A）		
	APF 投	APF 不投	国标限值	APF 投	APF 不投	国标限值
3	0.22	1.08	2.4	0.59	1.88	4.5
5	0.58	4.6	2.4	0.97	15.36	4.68
7	0.42	2.29	2.4	0.91	5.58	3.64
11	0.55	0.94	2.4	0.51	1.05	1.71
13	0.49	1.38	2.4	0.36	0.61	1.49
THD_U	1.93	6.27	3	—	—	—

治理工程投运后，有效解决了光伏电站谐波超标问题，避免了逆变器等设备损坏，提高了设备安全、可靠、经济运行水平。同时，治理工程减少了新能源并网对公用电网的谐波污染，提高了新能源发电并网质量，保障了新能源有效消纳，社会效益突出。

六、技术适用场景

本案例采用 APF 集中治理光伏电站并网引起的 5、7 次谐波超标问题，可实现多频次的谐波滤除功能，且不易与电网产生谐振。同时，APF 与原有 SVG 并联运行，可实现无功电压、谐波综合治理。对于场地有限的场站，APF 占地少且治理谐波更高效。

技术方案可广泛应用于新能源场站、数据中心等多频次谐波的干扰源治理。

电气化铁路及轨道交通用户电能质量治理典型案例

[案例 5-1] 湖南某电气化铁路牵引变电站电能质量综合治理

治理对象： 电气化铁路牵引变电站

治理问题： 谐波、三相电压不平衡、电压偏差、功率因数偏低

治理技术： 动态无功补偿、无源滤波

治理设备： 牵引站统一电能质量控制装置（隔离降压变压器、电压源换流器、无源滤波器）

应用时间： 2015 年 3 月

一、案例简介

某电气化铁路牵引变电站经 110kV 接入电网，站内配置 2 台 20.5MVA 的 Vv 联结牵引变压器，供电方式为一主一备交替运行，所属铁路线以客、货混运为主。通过对牵引变电站高压侧开展电能质量测试，发现该牵引变电站 3、5、7 次等谐波电流超标（其中电流总谐波畸变率达 15.8%）、三相电压不平衡度超标（超过 2%）、功率因数低（不足 0.8）等问题。通过对牵引变电站 27.5kV 馈线侧进一步测试还发现供电臂电压偏差大的问题。

在牵引变电站内 27.5kV 馈线侧，加装统一电能质量控制装置后，牵引变电站高压侧谐波及三相电压不平衡度均满足国标要求，功率因数提高至 0.99，牵引变电站 27.5kV 馈线电压偏差由 3.69% 降低至 1.47%，电能质量改善和节能降耗效果明显。

二、问题分析

该牵引变电站所供机车类型主要为韶山 SS4、SS6、SS8 型货运机车以及和谐 HX_01、HX_03、3C 型客运机车。采用便携式电能质量测试仪对该牵引变电站

高压侧及 27.5kV 馈线侧开展 24 小时连续测试。

对测试结果进行分析，在牵引重负荷期间，牵引变电站高压侧电流波形畸变严重，3、5、7 次谐波电流分别达到 14、11、6A，分别超过 4.09、4.61、3.95A 的国标限值要求；三相电流明显不对称，三相电压不平衡度最大达到 4.2%，超过国标限值要求；功率因数最高仅为 0.76，无功缺额大。牵引变压器高压侧测量结果如图 5-1-1 所示。

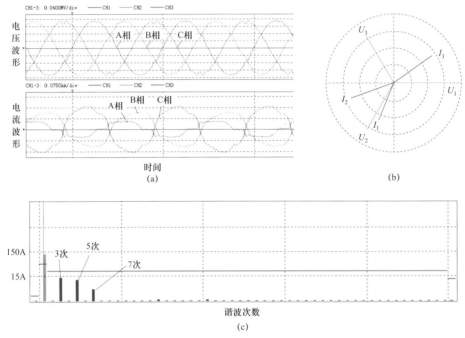

图 5-1-1 牵引变压器高压侧测量结果
（a）电压电流波形；（b）相量图；（c）电流频谱

受所供机车运行工况影响，牵引变电站馈线电压变化波动大，空载时电压达 29.33kV，重载时电压可低至 23.36kV，牵引变电站馈线电压有效值曲线如图 5-1-2 所示。

三、技术方案

对于牵引变电站的谐波问题，一般采用无源滤波器或有源滤波器进行治理，对于特定次谐波，无源滤波器可以达到滤波效果，相对于成本高数倍的有源滤波器，其更为经济、可靠。对于牵引变电站的三相电压不平衡问题，目前一般主要采用平衡变压器，其在两供电臂负荷基本平衡时可以达较好三相电压不平衡治理效果，但由于牵引负荷变动大，两个牵引供电臂负荷难以达到实时平衡，导致该方案治理效果十分有限。此外，同相供电技术也可以治理三相电压不平衡问题，但其需要对全线供电线路进行停电改造，建设成本高，不适用于已投运牵引变电站。

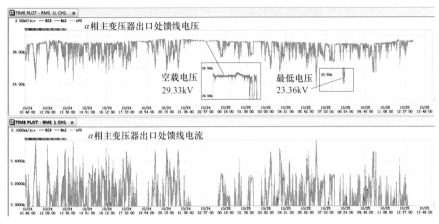

图 5-1-2　牵引变电站馈线电压有效值曲线

为改善牵引变电站的电能质量，稳定 27.5kV 馈线侧电压水平，采用无源滤波与有源潮流控制相结合的技术，在 27.5kV 馈线侧配置一套统一电能质量控制装置进行综合治理。该装置属于并联型设备，退出运行不影响铁路正常供电，同时对现有牵引变电站改造难度小、建设成本低。

1. 统一电能质量控制装置组成及功能

含统一电能质量控制装置的牵引变电站供电系统图如图 5-1-3 所示，三相 Vv 联结牵引变压器将电网侧 110kV 三相电压变为两个 27.5kV 两相电压向两牵引供电臂的牵引机车供电，图 5-1-3 左边为 α 相牵引供电臂，右边为 β 相牵引供电臂，统一电能质量控制控制装置同时挂接在α、β 两个牵引供电臂上。

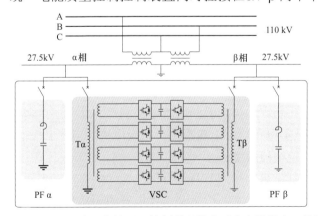

图 5-1-3　含统一电能质量控制装置的牵引变电站供电系统图

统一电能质量控制装置主要由单相多绕组隔离降压变压器（Tα 和 Tβ）、多重化背靠背电压源换流器（Voltage Source Converter，VSC）和无源滤波器（PFα 和 PFβ）构成。

其中，Tα 和 Tβ 主要实现隔离降压并起到串联电抗器抑制涌流的作用；VSC接在 Tα 和 Tβ 之间，通过功率平衡和功率因数校正控制，实现两牵引供电臂有功平衡和无功动态补偿，实现降低三相不平衡度、提高功率因数的功能；PFα 和 PFβ 包括 3、5 次单调谐滤波支路，并联在两牵引供电臂上，实现谐波治理，同时补偿两牵引供电臂的无功功率。

2. VSC 控制策略

VSC 控制策略如图 5 – 1 – 4 所示。该控制系统分两级：主控制器和变流器级控制器。

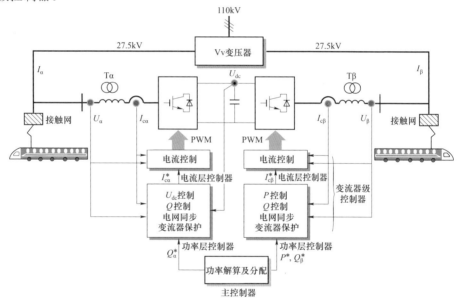

图 5 – 1 – 4　VSC 控制策略框图

其中，主控制器检测牵引变压器高压侧及馈线的电压、电流信号，按补偿原理计算出功率给定值 P^*、Q_α^*、Q_β^*，并发送至变流器级控制器。变流器级控制器包括两层：功率层控制器和电流层控制器。功率层控制器接收主控制器的 P^*、Q_α^*、Q_β^* 实现有功、无功跟踪，并为电流层控制器提供控制电流信号；电流层控制器实现电流跟踪。

通过两级控制，可实时调节两牵引供电臂间的有功功率，确保两牵引供电臂有功功率相等；并可动态补偿两牵引供电臂的无功功率，实现牵引变压器高压侧三相功率平衡、提高功率因数的目的。

四、工程情况

2015 年 3 月，经过 6 个月的改造施工，采用统一电能质量控制装置技术方案的牵引变电站改造工程投运。工程占地 150m²，利用牵引变电站预留场地，分为 VSC 及隔离降压变压器区和无源滤波器区两部分。统一电能质量控制装置现场安装情况如图 5−1−5 所示。

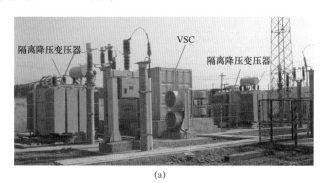

(a)

(b)

图 5−1−5　统一电能质量控制装置现场安装图

（a）VSC 及隔离降压变压器；（b）无源滤波器

在 α 相牵引供电臂和 β 相牵引供电臂之间加装一套隔离降压变压器和 VSC 组合装置，隔离降压变压器容量为 2×5MVA，VSC 额定容量为 2×4MVA；在 α 相牵引供电臂和 β 相牵引供电臂各加装一套 3 次和 5 次滤波支路，3 次滤波支路容量为 2×3.6Mvar，5 次滤波支路容量为 2×2.4Mvar。VSC 和隔离降压变压器的技术参数见表 5−1−1、表 5−1−2。

表 5−1−1　VSC 技术参数

项目	参数
额定容量	2×4MVA
交流侧额定电压	0.97kV
直流侧额定电压	1.8kV

表 5−1−2　隔离降压变压器技术参数

项目	参数
额定容量	2×5MVA
一次侧额定电压	29kV
二次侧额定电压	0.97kV

五、工程应用效果

为测试实际应用效果，对统一电能质量控制装置投入前和投入后电能质量治理效果开展了连续 5 天的现场测试，测试点为牵引变压器 110kV 高压侧，测试结果具体如下：

1. 谐波抑制效果

图 5-1-6 为统一电能质量控制装置投入前后 110kV 侧电流测量波形，可见统一电能质量控制装置投入后波形畸变明显减小。

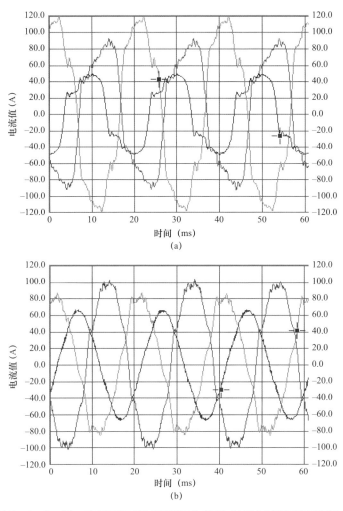

图 5-1-6　统一电能质量控制装置投入前后 110kV 侧电流测量波形

（a）投入前；（b）投入后

表 5-1-3、表 5-1-4 分别给出了统一电能质量控制装置投入前后 110kV 侧谐波电压、谐波电流测试数据。统一电能质量控制装置投入后，各次谐波电压含有率及电压总谐波畸变率均满足国标要求，且电压总谐波畸变率比装置投入前明显减小，电流总谐波畸变率降低至 7.01%，各次谐波电流均未超标。

表 5-1-3　　投入前后 110kV 侧谐波电压测试数据　　单位：%

谐波次数	A 相		B 相		C 相		国标限值
	投	不投	投	不投	投	不投	
3	0.42	1.50	0.31	1.42	0.36	1.58	1.60
5	0.33	1.32	0.45	1.49	0.37	1.60	1.60
7	0.79	1.17	0.64	1.14	0.87	1.51	1.60
9	0.44	0.67	0.52	0.75	0.51	0.90	1.60
11	0.48	0.83	0.56	0.85	0.56	1.04	1.60
13	0.51	1.02	0.57	1.06	0.60	1.32	1.60
电压总谐波畸变率	1.56	3.02	1.68	3.10	1.72	3.47	2.00

表 5-1-4　　投入前后 110kV 侧谐波电流测试数据　　单位：A

谐波次数	A 相		B 相		C 相		国标限值
	投	不投	投	不投	投	不投	
3	1.50	11.82	1.94	11.87	2.11	13.00	4.09
5	0.56	5.53	0.80	5.74	1.01	7.14	4.61
7	1.49	2.85	1.80	3.17	2.29	4.21	3.95
9	1.01	1.65	1.25	1.91	1.35	2.39	2.61
11	0.61	1.35	0.82	1.45	0.95	1.96	3.21
13	0.51	1.23	0.68	1.35	0.82	1.87	2.89

2. 三相电压不平衡抑制效果

图 5-1-7 分别给出了统一电能质量控制装置投入前后 110kV 侧三相电压不平衡度曲线图。从图中可以看出，统一电能质量控制装置投入后，三相电压不平衡度明显减小。

表 5-1-5 给出了统一电能质量控制装置投入前后 110kV 侧三相电压不平衡度对比结果。统一电能质量控制装置投入前，三相电压不平衡度为 2.11%，超过国标限值（2%）；统一电能质量控制装置投入后，三相电压不平衡度降为 0.6%，满足国标限值要求。

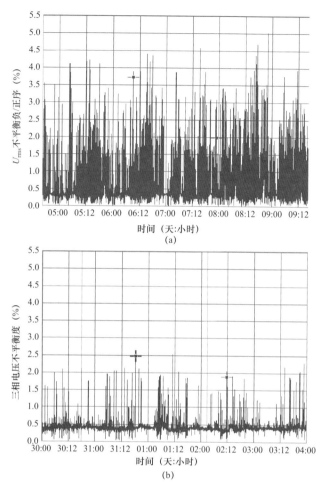

图 5-1-7　投入前后 110kV 侧三相电压不平衡度曲线图

（a）投入前；（b）投入后

表 5-1-5　　投入前后 110kV 侧三相电压不平衡度对比结果　　　　单位：%

参数	投	不投	国标限值
三相电压不平衡度	0.60	2.10	2.00

3. 功率因数提升效果

图 5-1-8 分别给出了统一电能质量控制装置投入前后 110kV 侧功率因数曲线图。从图中可以看出，统一电能质量控制装置投入后，功率因数显著提高。

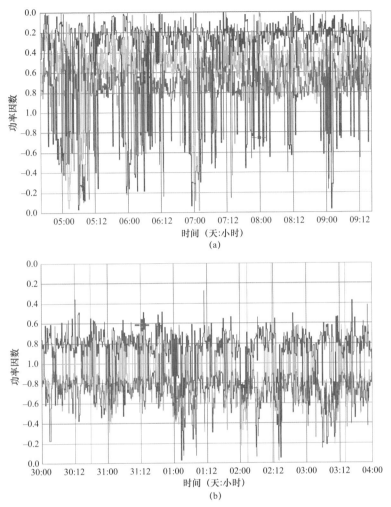

图 5-1-8 投入前后 110kV 侧功率因数曲线图

（a）投入前；（b）投入后

表 5-1-6 给出了统一电能质量控制装置投入前后 110kV 侧功率因数对比结果。统一电能质量控制装置投入前，功率因数为 0.67；统一电能质量控制装置投入后，功率因数提高到 0.99，避免了铁路公司因功率因数不达标而额外缴纳的力率调整电费。

表 5-1-6 投入前后 110kV 侧功率因数对比结果

参数	投	不投
功率因数	0.99	0.67

4. 馈线电压稳定效果

表5-1-7给出了统一电能质量控制装置投入前后27.5kV馈线电压稳定性对比结果。为验证27.5kV馈线电压稳定效果，采用以馈线电压偏差衡量，不投入统一电能质量控制装置时的电压偏差为3.69%，投入统一电能质量控制装置时为1.47%，牵引供电臂电压稳定性提升明显。

表5-1-7　　　　投入前后27.5kV馈线电压稳定性对比结果　　　　单位：%

参数	投	不投
电压偏差	1.47	3.69

5. 电能损耗降低效果

根据110kV进线侧连续5天的电量计量统计，投入统一电能质量控制装置后，电量由37.62万kWh减少为35.64万kWh，节约电量1.98万kWh。根据铁路部门反馈情况，采用该技术后，一年可节约电费73万元。

本技术在某牵引变电站示范应用，设备安全运行3年多来，确保了电气化铁路牵引变电站接入电网的电能质量优良，提升了牵引变电站的供电能力，取得了良好社会效益；本技术具有节能降耗成效，该试点运行3年多计量电费与力调电费共计节约230万元，同时考虑减少变压器报装容量费用，电能质量治理投资成本可在3～5年收回，经济效益显著。

六、技术适用场景

本案例采用的统一电能质量控制装置，通过有源和无源容量协调配置，以及有功、无功综合优化控制，具有三相不平衡治理彻底、谐波抑制优良、功率因数提升明显、节能降耗显著等优势。本技术建设与改造难度低，适用于110kV、220kV等电压等级、各种容量牵引变压器场合，在工程应用中应做好以下规划与设计：

（1）拟改造变电站应有装置场地，对于牵引变压器容量为20.5MVA的牵引变电站，场地不宜少于150m²，其他牵引变电站可参考该面积；

（2）多重化背靠背电压源换流器要充分考虑风冷和水冷条件；

（3）根据实际谐波情况及无功需求设计无源滤波器。

本技术适用于新建、改扩建牵引变电站，适用于Vv、三相YN，d11联结、三相-二相的斯柯特（SCOTT）联结、YN，v和YN，A联结等牵引变电站，有源潮流控制器可有效解决三相电压不平衡问题，无源滤波器可根据实际需求选择单调谐滤波器或者高通滤波器形式。

[案例 5-2] 福建某轨道交通变电站电能质量综合治理

治理对象：轨道交通变电站

治理问题：谐波、功率因数偏低

治理技术：动态无功补偿、有源滤波

治理设备：静止无功发生器（SVG）、有源滤波器（APF）

应用时间：2017 年 11 月

一、案例简介

某轨道交通一号线一期工程共设车站 24 座，由 2 座 110kV 轨道变电站及所带的 35 个降压变电所供电。在该轨道交通供电工程接入系统设计阶段，开展电能质量入网评估时发现存在功率因数偏低，无功功率波动大，5、7、11 次谐波电流超过国标限值，在特定运行方式下甚至 23、25 次谐波电流也超过国标限值等问题。

在 2 座 110kV 轨道变电站 35kV 母线各增加 2 套静止无功发生器，35 个降压变电所 0.4kV 侧低压母线上均配置有源滤波器。装置投运后的电能质量专项测试结果表明：采用治理措施后，轨道变电站 110kV 线路各次谐波电流满足国标要求、功率因数提高，电能质量治理效果显著。

二、问题分析

轨道变电站通过 110kV 电压等级接入公共电网，经降压变压器为 35kV 牵引变电所及 0.4kV 降压变电所供电，35kV 牵引变电所主要用电负荷是牵引负荷，0.4kV 降压变电所主要用电负荷是地铁站内照明与动力负荷。在牵引变电所内通过三相整流变压器将交流 35kV 降到直流 1180V，再经整流器转换成直流 1500V，通过接触网向轨道列车供电。整流器为两组 12 脉波整流电路构成的等效 24 脉波整流器，理想情况下，将产生 $24n\pm1$ 次特征谐波（n 为 12 的整数倍），但由于电网电压三相不对称和触发延迟等，不可避免地产生少量的 5、7、11、13 次等非特征次数的谐波。在降压变电所内 0.4kV 系统中存在大量非线性电气设备，如照明系统使用的大量镇流器以及动力系统使用的变频器等产生 3、5、7 次谐波，将通过轨道变电站注入电网。

测试结果表明，当重负荷时，轨道变电站电流波形畸变严重，5、7、11 次谐波电流分别为 5.06、3.99、3.18A，均超过国标限值；牵引负荷、动力照明负荷均产生大量感性无功功率，造成功率因数偏低（约为 0.89）。

三、技术方案

针对轨道变电站的谐波问题，经测算在降压变电所进行谐波治理可将谐波电流控制在国标范围内，可选择设备包括有源滤波器（APF）和无源滤波器（PF）。考虑到交轨低压负荷谐波的随机性和波动性特点，因此在低压侧更适合采用APF，兼具无功补偿功能。针对机车的频繁启动和制动带来的功率波动，以及功率因数低的问题，同时考虑市区土地资源紧俏，配电工程建设以室内布置为主，因此在牵引变电所选用占地面积较小的SVG。

因此，本案例采用动态无功补偿与有源滤波相结合的技术，在2座轨道变电站35kV母线侧各安装1套SVG，并通过1台35kV/10kV变压器接入35kV母线；每个降压变电所0.4kV母线侧均装设有1套APF。配置有SVG和APF装置的轨道变电站电气主接线示意图如图5－2－1所示。

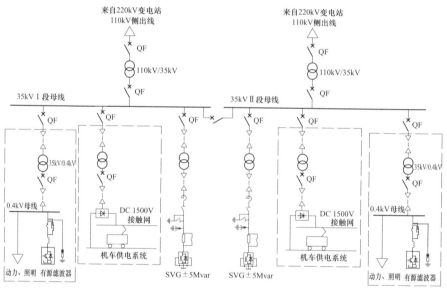

图5－2－1 轨道变电站电气主接线示意图

1. SVG组成及功能

SVG由检测模块、控制运算模块及补偿输出模块三个基本功能模块构成。其工作原理为由外部电流互感器、电压互感器检测系统的电流、电压信息，经由控制与保护单元分析出当前的电流、电压、功率因数、视在功率、无功功率等，然后给出补偿驱动信号，调节自换相桥式电路输出的电压幅值和相位，控制注入系统的无功电流，实现动态无功补偿、提高功率因数的目的。

2. APF 组成及其功能

APF 由指令电流运算电路和补偿电流发生电路两个主要部分组成。指令电流运算电路实时监视线路中的电流，计算谐波补偿量，并以脉宽调制（PWM）信号形式向补偿电流发生电路送出驱动脉冲，驱动 IGBT 或 IPM 功率模块，生成与电网谐波电流幅值相等、相位相反的补偿电流，注入电网，实现谐波消除的目的。

四、工程情况

2017 年 11 月，SVG 和 APF 随轨道交通一号线一期工程同步投运。2 座轨道变电站安装的 SVG 装置额定容量均为 ±5Mvar，每套装置（含启动柜、功率柜、控制柜、连接变压器）合计占地约 63m²；每个降压变电所均装设 2 套 APF，其中 24 个站点单套 APF 容量为 100A，8 个站点单套 APF 容量为 120A，3 个站点单套 APF 容量为 50A，合计数量 70 套、容量 7020A。SVG 和 APF 主要技术参数见表 5-2-1、表 5-2-2。

表 5-2-1　　　　　　　　　SVG 主要技术参数一览表

技术指标	技术参数
额定电压	10kV
额定容量	$-5\sim+5$Mvar 连续可调
过载能力	110%长期过载
谐波特性	输出总谐波电流畸变率小于 3%I_n

表 5-2-2　　　　　　　　　APF 主要技术参数一览表

技术指标	技术参数
额定电压	0.4kV
额定电流	50/100/120A 三种
支持功能	2～50 次谐波滤波

五、工程应用效果

为测试实际应用效果，2018 年 3 月开展现场测试。测试点为轨道变电站 110kV 出线侧，测试期间，治理装置投入运行。测试结果表明：各次谐波电流满足国标限值要求，功率因数提高到 0.95 以上，测试结果具体如下所示。

1. 谐波治理效果

SVG 和 APF 装置投入前后谐波电压和谐波电流测试数据见表 5-2-3 和表 5-2-4，可以看出：装置投入后，各次谐波电压及电压总谐波畸变率均明显小于投入前；电流总谐波畸变率从 15.6% 降低至 4.2%，5、7、11 次谐波电流下降明显，满足国标限值要求。

表 5-2-3　　　　　　　　装置投入前后谐波电压测试数据　　　　　单位：%

谐波次数	A 相		B 相		C 相		国标限值
	不投	投入	不投	投入	不投	投入	
3	0.32	0.24	0.26	0.17	0.18	0.10	1.60
5	1.32	0.87	1.39	0.97	1.15	0.74	1.60
7	0.81	0.62	0.57	0.43	0.50	0.34	1.60
11	0.45	0.29	0.22	0.16	0.39	0.28	1.60
23	0.73	0.44	0.71	0.41	0.72	0.43	1.60
25	0.69	0.38	0.69	0.37	0.70	0.39	1.60
电压总谐波畸变率	1.66	1.33	1.60	1.27	1.24	0.89	2.00

表 5-2-4　　　　　　　　装置投入前后谐波电流测试数据　　　　　单位：A

谐波次数	A 相		B 相		C 相		国标限值
	不投	投入	不投	投入	不投	投入	
3	3.08	0.45	3.04	0.47	3.09	0.49	3.41
5	5.02	2.85	4.95	3.14	5.06	2.98	3.76
7	3.98	2.13	3.99	2.17	3.97	2.21	3.10
11	3.18	0.41	3.16	0.38	3.17	0.40	2.40
13	1.96	0.83	1.94	0.85	1.97	0.88	2.14
23	0.92	0.76	0.90	0.75	0.94	0.77	1.26
25	0.81	0.63	0.83	0.64	0.82	0.61	1.14

2. 功率因数提升效果

SVG 和 APF 装置投入前后 110kV 线路功率因数曲线如图 5-2-2 所示。SVG 和 APF 装置投入后，轨道变电站 110kV 进线处平均功率因数由 0.89 提高到 0.96，功率因数曲线平稳，无功功率波动得到改善。

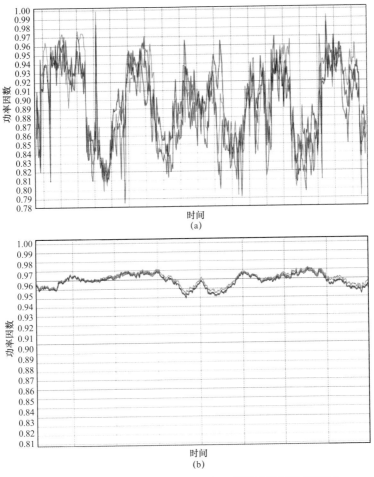

图 5-2-2　装置投入前后 110kV 线路功率因数曲线图

(a) 投入前；(b) 投入后

3. 电能损耗降低效果

在机车同等运行条件下，SVG 和 APF 装置投入前后，功率因数由 0.89 提高至 0.96，根据功率因数调整电费办法，按 2018 年用户电量 6385 万 kWh、目录电价单价 0.649 元/kWh 计算，对于功率因数 0.89 的用户每年增加 0.5% 的电费支出，增加电费约 20.72 万元，对于功率因数高于 0.95 的用户每年减少 0.75% 电费支出，节省电费支出约 31.08 万元。综上所述，用户每年可节省电费支出 51.8 万元，经济效益显著。

六、技术适用场景

技术推广的场景考虑几个方面：

（1）电能质量问题就地补偿，采用高压 SVG＋低压 APF 综合治理实现高、低压同步治理；

（2）鉴于地铁功率波动大的特点，采用 SVG 治理具有实时跟踪并能快速补偿，具有响应速度快、补偿性能好的优势；

（3）城市内用地紧张，治理设备选择需要考虑场地是否满足要求，SVG 比 SVC 占地面积少；

（4）低压 APF 具有随负荷特性变化同时补偿多频次谐波的特点，可有效消除地铁低压照明和动力系统产生的 3、5、7 次谐波电流。

本案例采用的 SVG 和 APF 相结合的方式进行无功平衡和谐波治理，通过 SVG 和 APF 协调配置，滤除谐波效果优良、动态补偿无功、提升功率因数等优势明显。

本技术可广泛应用于城市轨道交通、石油化工、电力、新能源、冶金、煤炭、电气化铁路等含有冲击性负荷和大容量电动机的工业领域。

冶金化工及其他非线性用户电能质量治理典型案例

 [案例 6-1] 广西某钢铁企业大容量电弧炉负荷电能质量综合治理

治理对象：电加热用户大容量电弧炉

治理问题：电压波动、谐波、三相电压不平衡、功率因数偏低

治理技术：动态无功补偿、无源滤波

治理设备：静止无功补偿器（SVC）

应用时间：2018 年 12 月

一、案例简介

某钢铁企业电弧炉由 220kV 电源供电，经电力变压器降压为 35kV 后为电弧炉变压器供电。电弧炉为非线性、冲击性负荷。该钢厂电弧炉吨位为 120t，电弧炉变压器为 100MVA，为降低无功功率冲击，配置串联电抗器。

大容量电弧炉生产时产生的无功功率冲击造成 35kV 侧电压波动严重，影响电弧炉正常运行。同时造成 220kV 侧电压波动大，影响周边用户的正常生产用电。220kV 侧考核点处的功率因数低，电压波动和谐波电流均不满足国标限值要求。

在该钢厂 35kV 侧加装 SVC 后，220kV 母线电压变动从 4.43% 降到 2.4%，电压总谐波畸变率从 7.45% 降到 0.56%，三相电压不平衡度从 1.16% 降到 0.22%，满足国标限值要求，功率因数从 0.85 提升至 0.99。该措施有效改善了电能质量，确保了电弧炉设备正常运行，降低了用户电能损耗，消除了对周边负荷的影响。

二、问题分析

交流电弧炉是一种冲击性、非线性负荷。依靠三相电极短路产生的大电流熔炼钢铁废料进行治炼，生产过程中产生较大的电压波动、谐波、三相电压不平衡度超标、功率因数偏低等电能质量问题。电压波动是由电极短路引起的无功功率冲击造成，谐波电流主要是 2、3、4、5 次特征谐波；三相电压不平衡主要是由于三相电极电流不同或者是电极两相短路引起。电弧炉功率因数低，在熔炼期功率因数最低到 0.2，精炼期的平均功率因数不到 0.7。

对电弧炉引起的电能质量问题进行测试，结果如下：

（1）电弧炉引起的无功功率冲击最大达到 153Mvar，造成 220kV 侧的最大电压变动达到 4.43%，超过国标限值要求（2.5%）。

（2）电弧炉注入 220kV 侧的 2、3、4、5 次谐波电流均超过国标限值要求，电压总谐波畸变率达到 1.77%。

（3）220kV 侧的三相电压不平衡度为 1.16%，接近国标限值的要求（1.3%）。

（4）220kV 侧的功率因数为 0.7 左右。

三、技术方案

为改善电弧炉引起的电能质量问题，按照"谁引起、谁治理"的原则进行就地综合治理。因电弧炉负荷无功冲击大，宜采用动态无功补偿技术，实时跟踪负荷无功功率变化，实现无功补偿实时动态调节，抑制电压波动。考虑到大功率电弧炉需要配置大容量动态补偿装置，而大容量 SVG 相对价格高。因此，本案例采用已经在工业领域广泛应用的 SVC 技术（TCR＋FC 型）实现电能质量综合治理。

四、工程情况

2018 年 7 月，该钢厂电弧炉配套 SVC 工程开工建设，经过 4 个月的设计、安装、调试后顺利投运。工程采用晶闸管相控电抗器与无源滤波器并联组成，包括 1 条 TCR 支路，4 条滤波支路（分别是 2、3、4、5 次滤波支路），以及一套水冷却系统。设备采用户外安装方式，占地 900m²。图 6－1－1 所示为 SVC 主接线图，现场安装图如图 6－1－2 所示。

SVC 容量为 140Mvar，TCR 及各次滤波支路的参数如表 6－1－1 所示。

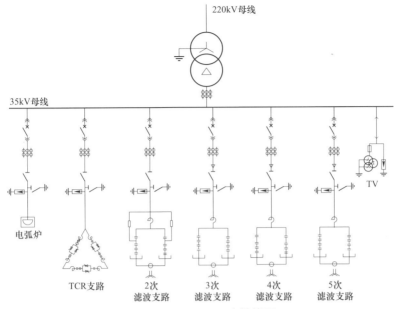

图6-1-1 SVC主接线图

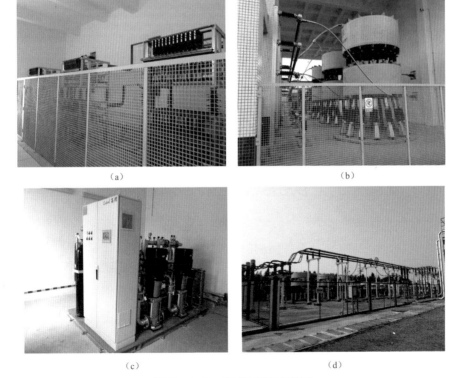

(a) (b)

(c) (d)

图6-1-2 SVC现场安装图

(a) 晶闸管阀组;(b) 相控电抗器;(c) 水冷系统;(d) 滤波电容器

表 6-1-1　　　　　　　　　　TCR 及各次滤波支路参数表

名称	TCR	2 次	3 次	4 次	5 次
额定电压（kV）	35	35	35	35	35
额定电流（A）	1334	565	834	500	667
额定容量（Mvar）	140	27	40	27	36

五、工程应用效果

为验证 SVC 治理效果，在该钢厂 220kV 母线进线处进行电能质量效果测试，测试结果如下。

1. 电压波动抑制效果

图 6-1-3 是 SVC 投入后 220kV 母线电压有效值曲线。SVC 投入后，最大电压变动是 0.68%，比 SVC 投运前电压变动 4.43% 大幅降低，电压波动满足国标限值要求。

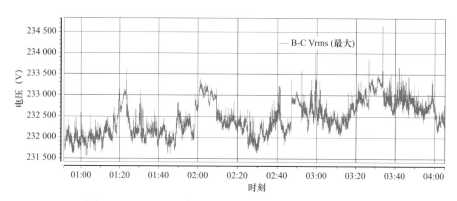

图 6-1-3　SVC 投入后 220kV 母线电压有效值曲线

2. 电压总谐波畸变率

图 6-1-4 是 SVC 投入后 220kV 母线三相电压总谐波畸变率测试曲线。SVC 投入后，母线电压总谐波畸变率明显降低，从最大 1.77% 降到 0.85%，满足国标限值要求。SVC 投入后，各次谐波电流均明显降低，2、3、4、5 次谐波电流分别为 2.5、3、2、3.4A。

3. 三相电压不平衡治理效果

图 6-1-5 是 SVC 投入后 220kV 侧母线三相电压不平衡度测试曲线。SVC 投入后，三相电压不平衡度明显降低，从 1.16% 降到 0.07%。

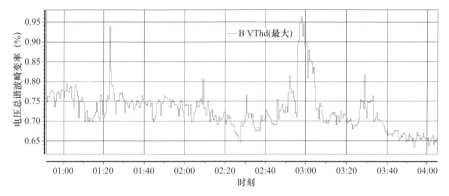

图 6-1-4 SVC 投入后 220kV 母线电压总谐波畸变率

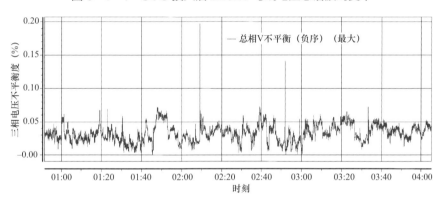

图 6-1-5 SVC 投入后 220kV 母线三相电压不平衡度曲线

4. 功率因数

图 6-1-6 是 SVC 投入后 220kV 总进线功率因数曲线。SVC 投入后，母线 220kV 总进线平均功率因数从 0.7 提升到接近于 1，功率因数明显提高。

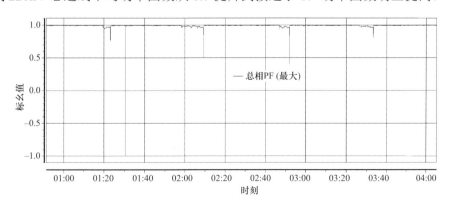

图 6-1-6 SVC 投入后 220kV 总进线功率因数曲线

5. 节能效果

加装 SVC 后，冶炼效率得到提高，平均每炉的冶炼时间节约 10%。按照每炉冶炼时间 60min 计算，大约每炉节约时间 6min，按照 1 台电弧炉总功率为 100MW、每天 24 炉计算，每天可节约用电 24 万 kWh，年节约用电近 8760 万 kWh。按照单价 0.7 元/kWh 计算，每年可节约电费 6132 万元。

同时，由于减少了来自系统的无功功率，提高了变压器利用率。本案例可减少变压器容量 16MVA。按照电费缴纳规则，每 kVA 的容量电费大约为 30 元/月，因此，每年可节省容量电费 576 万元。

本项目总投资 1500 万元左右，3 个月可收回成本，具有显著经济效益。

六、技术适用场景

SVC 通过动态调节的电抗器和无源滤波器协调配置，具有治理电压波动、抑制谐波、改善三相电压不平衡度、提高功率因数等功能，可有效改善电能质量，确保电弧炉正常生产。尤其对于大功率电弧炉，SVC 是目前首选的动态补偿装置。

SVC 技术成熟、运行可靠，在冶金、风电、光伏、铁路、化工、电力等各行业领域广泛应用，能够实现电能质量问题综合治理。

 ［案例 6-2］山西某铸造企业电能质量综合治理

治理对象：电加热用户电弧炉、精炼炉
治理问题：电压波动与闪变、谐波、功率因数偏低
治理技术：动态无功补偿、无源滤波
治理设备：静止无功补偿器（SVC）
应用时间：2011 年 2 月

一、案例简介

某高合金铸造有限公司是一家集炼钢、铸造、销售于一体的现代企业，主要设备有电弧炉、精炼炉和真空脱气炉，可年产 15 万 t 的优质钢锭，其中电弧炉和精炼炉均具有冲击性和非线性特征。用户采用 35kV 专线供电，上级电源点为 220kV 变电站 35kV Ⅰ 段母线，同段母线另一条 35kV 线路为居民负荷。电能质量测试表明，该用户存在电压波动大、谐波超标、功率因数低（不足 0.8）等问题。谐波电流以 2、3、4 次为主，其中 3、4 次谐波电流超过国标限值要求。

加装 SVC 后，该用户公共连接点电压波动由 3.90%降为 0.94%，闪变由 1.95 降为 0.47，2、3、4 次谐波电流、谐波电压大幅下降，35kV 侧功率因数提高至 0.96，各项指标均满足国标要求，电能质量治理和节能降耗效果明显。

二、问题分析

该用户负荷主要为 1 台电弧炉变压器容量为 8MVA 的电弧炉（EAF，20t）和 1 台电弧炉变压器容量为 4MVA 的精炼炉（LF）。电弧炉在冶炼过程中由于电磁力和炉内气流的作用以及钢液和炉渣的流动，电弧放电路径和弧隙电离程度不断变化。精炼炉是对电弧炉所熔钢水进行精炼、连铸、连轧的冶金设备，运行时电弧电流受电磁力作用、电极移动以及对流气体的影响变化剧烈。因此，冶炼过程中快速的无功波动及冲击将会在电网中产生电压波动和闪变问题，同时产生谐波污染电网，并对其他用电设备造成危害。

采用便携式电能质量测试仪对该用户 35kV 进线侧开展连续测试。结果表明，在用户生产期间电压波动最大达到 3.9%，电流波形畸变严重，2、3、4 次谐波电流分别达到 12.01、12.24、7.85A，功率因数最高仅为 0.76，无功缺额大。

三、技术方案

为改善该用户电能质量，提高功率因数，针对上述问题，采用 SVC 进行综合治理，设备一次接线图如图 6-2-1 所示。

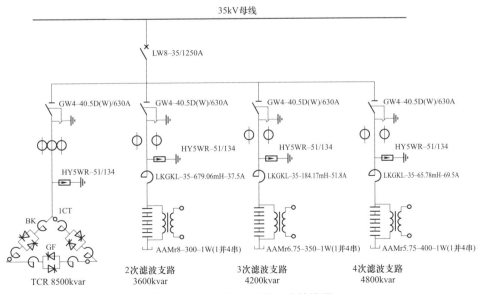

图 6-2-1　SVC 设备一次接线图

SVC 通过控制与电抗器串联的两个反并联晶闸管的导通角,既可以向系统输送感性无功电流,又可以向系统输送容性无功电流。电容器提供固定容性无功,可控补偿电抗器输出感性无功,SVC 跟踪补偿负荷引起的无功波动,达到功率因数保持恒定、电压保持稳定的目的。所需无功补偿容量,根据电弧炉和精炼炉供电母线抑制电压波动的无功补偿量与将电弧炉、精炼炉功率因数提高到 0.96 的目标计算。

1. TCR 部分

相控电抗器组为三角形连接方式,直挂 35kV 母线上。三角形接线可消除本身的 3 倍于其基波频率的谐波电流对电网的影响。电抗器组分为三组,每相两段串联,安装容量为 8500kvar。

2. FC 部分

FC 以滤除谐波电流、改善电压波形畸变、补偿负荷无功为目的。根据所需的无功补偿总量及所测量的各次谐波电流大小,共设置 2、3、4 次三组滤波支路,额定电压 35kV,安装容量分别为 3600、4200、4800kvar。

四、工程情况

2011 年 2 月,利用该用户厂区预留场地,采用 SVC 技术方案,经过 3 个月的改造施工后,工程竣工投运。工程占地 180m²,分为室内、室外两部分,其中室内部分由全数字控制保护系统、晶闸管阀组、TCR 组成,室外部分由 FC 组成,主要技术参数见表 6-2-1~表 6-2-4。

表 6-2-1　　　　　　　　SVC 主要技术参数

项　　目	参　　数
动态响应时间	小于 15ms
无功调节范围	0~100%
过载能力	滤波电抗器过载能力为过电流 1.2 倍长期运行
	相控电抗器过载能力为过电流 1.2 倍长期运行

表 6-2-2　　　　　　　　TCR 参数

项　　目	参　　数
额定电压（kV）	35
最小开通角（°）	110
触发角 $\alpha=110°$，感性无功输出（kvar）	7398
触发角 $\alpha=110°$，TCR 基波电流（A）	70.45
每相基波感抗（Ω）	285

表6-2-3   晶 闸 管 阀 参 数

项 目	参 数
晶闸管额定电流（A）	600
晶闸管额定电压（V）	6500
晶体管个数（个）	132

表6-2-4   FC 参 数

项 目	2次滤波支路	3次滤波支路	4次滤波支路
系统额定电压（kV）	35	35	35
三相电容器装机容量（kvar）	3600	4200	4800
额定调谐频率（Hz）	100	150	200
接线方式	单星	单星	单星
单台电容器额定容量（kvar）	300	350	400
单台电容器额定电压（kV）	8	6.75	5.75
每相电容器串并联数	1并4串	1并4串	1并4串
滤波电抗器额定电流（A）	37.5	51.8	69.5
滤波电抗器额定电感（mH）	679.06	184.17	65.78

装置现场安装图如图6-2-2所示。

（a）

（b）

图6-2-2 装置现场安装图

（a）TCR现场安装图；（b）FC现场安装图

五、工程应用效果

为测试实际应用效果，对该用户 35kV 进线处 SVC 投入前、后电能质量治理效果开展了对比测试，测试结果具体如下：

1. 电压波动及闪变抑制效果

表 6−2−5 给出了 35kV 侧 SVC 投入前、后电压波动及闪变数据对比。电压波动由 3.9%下降到 0.94%，闪变由 1.95 下降到 0.47，电压波动与闪变幅值大幅降低。

表 6−2−5　　　　　　　　　　电压波动及闪变抑制效果

参数	投入 SVC	未投 SVC	国标限值
PCC 点电压波动	0.94%	3.90%	2.6%
PCC 点长时间闪变	0.47	1.95	0.8

2. 谐波抑制效果

表 6−2−6、表 6−2−7 给出 35kV 侧 SVC 投入前后谐波电流、谐波电压测试数据对比。SVC 投入后，35kV 侧电压总谐波畸变率由 3.30%降至 1.35%，各次谐波电流均显著下降，达到国标限值要求。

表 6−2−6　　　　　35kV 侧谐波电流测试数据对比　　　　　单位：A

谐波次数	A 相		B 相		C 相		国标限值
	投入	未投	投入	未投	投入	未投	
2	2.97	11.82	2.94	11.87	2.78	12.01	15
3	1.68	11.3	1.80	12.24	1.71	11.98	12
4	1.49	7.85	1.80	7.67	2.29	7.21	7.7
5	8.61	13.65	8.25	13.91	8.35	12.39	12

表 6−2−7　　　　　35kV 侧谐波电压测试数据对比　　　　　单位：%

谐波次数	A 相		B 相		C 相		国标限值
	投入	未投	投入	未投	投入	未投	
2	0.52	1.11	0.61	1.12	0.46	1.18	1.2
3	0.73	1.92	0.75	1.99	0.77	1.90	2.40
4	0.79	1.17	0.64	1.14	0.87	1.20	1.2
5	0.44	1.77	0.52	1.75	0.51	1.90	2.40
电压总谐波畸变率	1.27	3.07	1.27	3.30	1.35	3.17	3

3. 功率因数提升效果

SVC 投入前，功率因数为 0.76；SVC 投入后，功率因数提高到 0.96，避免了用户因功率因数不达标而额外缴纳罚款。根据地区的电费计价方式，以当地供电公司功率因数考核点为 0.9 计算，SVC 投运前用户功率因数为 0.76，则功率因数罚款力率为 5%，用户每年因避免功率因数罚款可节约电费 64.8 万元，治理投资成本可在 3～4 年收回，经济效益显著。

该项目总投资 240 万元。设备安全运行 8 年来，有效解决了该用户电压波动与闪变超标、谐波超标、功率因数低等问题。

六、技术适用场景

采用静止无功补偿器，通过无源滤波及无功补偿综合优化控制，具有电压波动与闪变抑制优良、功率因数提升明显、节能降耗显著等优势。

该技术适用于 10、35kV 等电压等级、负荷波动大、电压波动与闪变较为严重、谐波污染严重、功率因数低的场景，如使用变频器、整流器、直流电机、电弧炉、中频炉等企业。

[案例 6-3] 安徽某不锈钢企业电能质量综合治理

治理对象：电加热用户电弧炉
治理问题：电压波动与闪变、谐波、功率因数偏低
治理技术：动态无功补偿、无源滤波
治理设备：静止无功发生器（SVG）、无源滤波器（PF）
应用时间：2018 年 6 月

一、案例简介

某生产特种不锈钢的冶金企业，一台 35t 电弧炉通过型号为 HJSSP－18 000kVA/35－0.42kV 的变压器接入 35kV 电网，同母线供电的小区居民多次向供电公司反映电压不稳定、夜间灯光闪烁等问题，严重影响周边居民正常生活用电。通过电能质量测试，发现该 35kV 供电线路谐波、闪变均超标，同时还存在功率波动剧烈、功率因数偏低等问题。

通过在该电弧炉变压器 35kV 侧加装直挂式 SVG，同时配置合适的 PF 后，该 35kV 供电线路上的电压长时间闪变大幅度降低，其值由 10.62 减小至 3.98。电压总谐波畸变率由 6.46% 降至 2.46%，平均功率因数由 0.89 提高到 0.99，电

能质量治理效果显著，获得企业和居民用户的认可。

二、问题分析

电弧炉利用电极与铁料（铁液）之间产生的电弧热量进行熔炼，工作时电极处于短路状态，不但消耗大量无功功率，且电弧不稳定，无功波动大，造成电压波动和闪变超标。同时，因电弧长度的不稳定性和随机性，使得电弧炉产生大量的低频谐波电流，其主要谐波频谱集中在 100～350Hz。现场电弧炉一个熔炼生产周期在半小时以内。

采用便携式电能质量测试仪，对该电弧炉 35kV 专供线路开展 24h 连续电能质量测试。结果表明，在电弧炉运行时，该电弧炉 35kV 专供线路 2、3、4、5 次谐波电压及电流均超标，谐波频谱如图 6-3-1 所示。

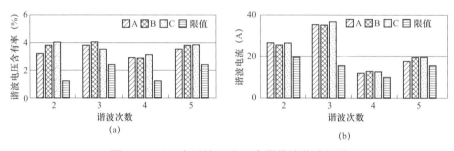

图 6-3-1　电弧炉 35kV 专供线路谐波频谱

（a）谐波电压；（b）谐波电流

电弧炉工作时无功波动明显，且功率因数低，线路总无功功率趋势图如图 6-3-2 所示。35kV 母线电压波动大，电压波动趋势图如图 6-3-3 所示，电压变动高达 5.1%，长时间闪变值达到 10.62，超出国标限值要求。

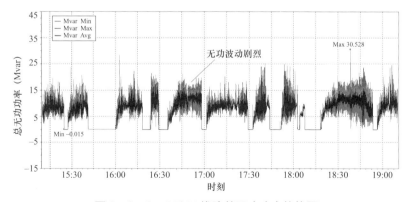

图 6-3-2　35kV 线路总无功功率趋势图

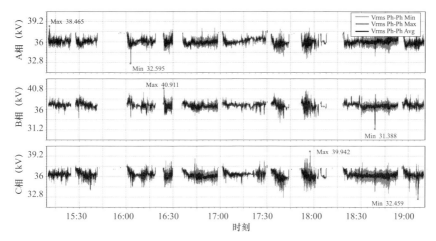

图 6-3-3　35kV 供电母线电压波动趋势图

三、技术方案

对于电弧炉引起的电压波动、闪变及谐波问题，一般采用动态无功补偿兼具谐波滤波的治理方案。目前的高压动态无功补偿和滤波方案有 TCR+FC、MCR+FC、SVG＋PF 等，相对于前两者的阻抗补偿原理，采用电力电子变流技术的有源型主动式补偿 SVG 的动态无功响应最快（小于 10ms），因此 SVG 可以更好地满足电弧炉无功的快速补偿和电压稳定要求。

当前，中高压 SVG 有直挂式和降压式两类方式。相对于通过变压器并网的降压式 SVG，通过电抗器直接并网的直挂式 SVG 在响应速度、波形正弦度和安装空间方面更占优势，但在控制难度、损耗、维护以及绝缘等方面相对劣势。综合从成本角度考虑，推荐容量为 10Mvar 及以上的机型，采用直挂式方案；对于容量为 10Mvar 以下的机型，采用降压式方案。

为解决电弧炉造成的电压波动与闪变超标、谐波超标和功率因数低等问题，本案例采用在电弧炉变压器 35kV 侧安装直挂式 SVG 并配置 PF 的技术方案进行综合治理。

1. 治理装置组成

治理装置由直挂式 SVG 和 PF 组成。直挂式 SVG 为有源装置，其可快速地实现无功的动态双向补偿；PF 包含 3 条滤波支路，分别是 2、3、4 次，实现谐波滤除和无功补偿的作用，可有效降低有源装置部分容量，建设与改造难度低。SVG 和 PF 接线图如图 6-3-4 所示。

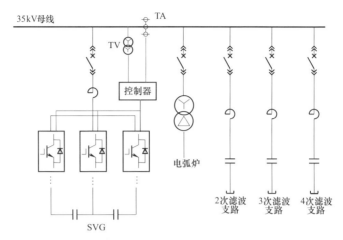

图 6-3-4 SVG 和 PF 接线图

2. 直挂式 SVG 工作原理

直挂式 SVG 由启动柜、功率柜、控制柜、电抗器柜等部分组成，SVG 系统连接框图如图 6-3-5 所示。

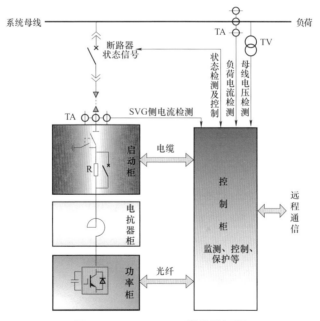

图 6-3-5 SVG 系统连接框图

控制柜内的控制保护综合系统包含监测、控制、保护以及通信等功能，可快速检测系统的电压、无功变化，计算装置所应提供的无功容量，据此实现触发脉冲的产生和分配，以及成套装置的分层分级保护，并对系统状态和装置运行状态进行监测，根据现场需要实现远程通信功能。

功率柜以 IGBT 变流装置为核心，主要功能是将直流电压逆变成与电网同频率的交流电压，并通过电抗柜内的电抗器并网，IGBT 开关的触发脉冲信号由控制柜提供，通过控制变流电路交流侧输出电压的幅值和相位，使该单元吸收或者发出满足要求的无功电流，实现动态无功补偿的目的，其工作原理如图 6-3-6 所示。

运行模式	波形和相位图	说明
空载运行模式	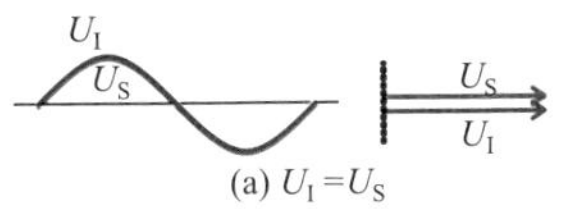 U_I U_S U_S U_I (a) $U_I = U_S$	电流为0，SVG不进行补偿
感性运行模式	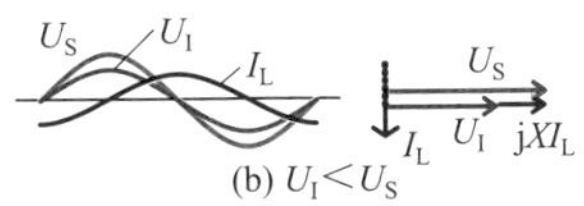 U_S U_I I_L U_S I_L jXI_L (b) $U_I < U_S$	电流滞后电压，SVG等效为连续可调的电感
容性运行模式	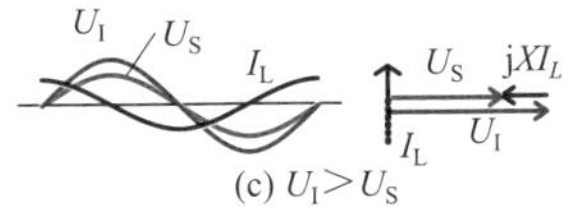 U_I U_S I_L U_S jXI_L I_L U_I (c) $U_I > U_S$	电流超前电压，SVG等效为连续可调的电容

图 6-3-6　SVG 工作原理图

启动柜由预充电电阻、真空断路器、TV、避雷器等构成，主要完成装置的启动与并网。

电抗器柜内的电抗器在平波的同时，也达到抑制 SVG 谐波的目的，使其输出的电流波形正弦度更好。

3. PF 工作原理

PF 主要由电容器和电抗器组成，通过配置电容器和电抗器的参数，构造特定次谐波低阻通道，使负载和系统内的特定次谐波流入滤波支路，从而大大减少流入系统的谐波电流，达到抑制谐波的目的，同时提供固定容性无功补偿功率。

四、工程情况

针对该不锈钢企业35kV供电系统中电弧炉负荷特性，采用就近治理方式，在该电弧炉变压器35kV 侧加装 35kV 直挂式 SVG 及 PF。其中 SVG 本体采用户内安装，并网电抗器和 PF 采用户外安装。工程于 2018 年 6 月投运，装置安装实物图如图 6-3-7 所示。

（a） （b）

图 6-3-7 装置安装实物图

（a）SVG 实物图；（b）PF 实物图

35kV 直挂式 SVG 额定容量为 10Mvar，具体参数见表 6-3-1。

表 6-3-1 **直 挂 式 SVG 参 数**

项 目	参 数
额定容量	10Mvar
交流侧额定电压	35kV
并网电抗器型号	空心干式 CKGKL-35-429A
谐波特性	$\leqslant 3\%I_N$
平均损耗	$<0.8\%$
响应速度	$\leqslant 10ms$
冷却方式	变频风冷

PF 包括 2、3、4 次单调谐滤波支路，每条滤波器支路容量相同，均为 8Mvar，共计 24Mvar。

五、工程应用效果

为验证该装置的实际应用效果，对电弧炉的 35kV 供电线路首端（变电站侧）进行了 5 天的连续测试，对比该装置投入前和投入后电能质量治理效果，测试具体结果如下。

1. 电压波动与闪变抑制效果

表 6-3-2 给出了 35kV 侧电压波动及闪变对比数据。不投入治理装置时，

电压波动为 5.10%，超过国标限值；投入治理装置后，电压波动降为 1.6%，符合国家标准。长时间闪变值由 10.62 降为 3.98，治理效果明显。

表 6-3-2　　　　35kV 侧电压波动及长时间闪变对比分析

参数	投	不投	国标限值
电压波动	1.6%	5.1%	3.0%
长时间闪变	3.98	10.62	1

2. 谐波抑制效果

表 6-3-3、表 6-3-4 分别给出了 35kV 侧谐波电压、谐波电流数据对比。投入治理装置后，2、3、4、5 次谐波电压含有率及母线电压总谐波畸变率均显著降低，满足国标限值规定。35kV 侧 2、3、4、5 次谐波电流大幅减小，各次谐波电流达标，谐波抑制效果良好。

表 6-3-3　　　　35kV 侧谐波电压对比分析　　　　单位：%

谐波次数	A 相		B 相		C 相		国标限值
	投入	未投	投入	未投	投入	未投	
2	0.88	3.18	0.92	3.79	1.11	3.98	1.2
3	1.29	3.8	0.94	3.99	0.95	3.54	2.4
4	0.36	2.91	0.4	2.87	0.42	3.13	1.2
5	1.26	3.51	1.35	3.77	1.72	3.84	2.4
THD_U	2.56	6.07	2.6	6.46	2.46	5.8	3

表 6-3-4　　　　35kV 侧谐波电流对比分析　　　　单位：A

谐波次数	A 相		B 相		C 相		国标限值
	投入	未投	投入	未投	投入	未投	
2	9.08	26.38	9.42	25.5	8.4	26.34	19.8
3	9.04	35.2	10.24	35.1	8.86	36.5	15.8
4	1.56	12.14	1.52	12.7	1.62	12.74	10
5	5.38	17.8	6.26	19.6	6.52	19.52	15.8

3. 功率因数提升效果

图 6-3-8（a）、（b）分别给出了投入及未投入治理装置时 35kV 侧功率因数统计图。从图中可以看出，功率因数提高显著。治理装置投入后，平均功率因数由 0.89 提高至 0.99，达到良好的无功补偿效果。

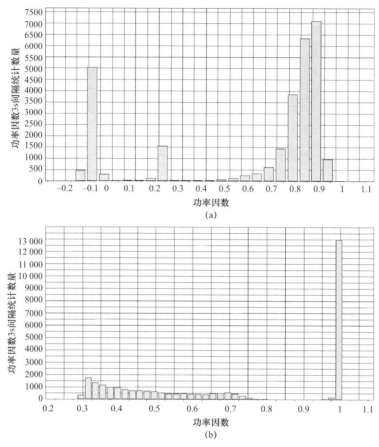

图6-3-8　35kV侧功率因数统计图

（a）未投入治理装置时；（b）投入治理装置时

4. 投资效益分析

依据35kV进线侧计量电度数衡量，投入电能质量治理装置后，35kV进线侧5天的计量电度数节约电量1.07万kWh，系统具有良好的节能效果。根据用户反馈情况，采用该设备后，一年可为治理企业节约电费56万元，大大提高企业投资治理意愿，具有良好经济效益。

在设备安全运行以来，减小了电弧炉接入对电网电能质量的影响，电网电压稳定，解决了其对周边居民用电的干扰的问题，同时也提升了电弧炉炼钢效率和品质，社会效益显著。

六、技术适用场景

本案例采用动态无功补偿与无源滤波相结合的技术，通过有源和无源装置功能互补与协调，实现谐波、动态无功补偿的综合控制，具有谐波抑制显著、电压波动与闪变治理优良、功率因数提升明显等优势。

该装置实施过程中应重点注意以下问题：

（1）与用户确定治理效果以及效果评定依据；

（2）应根据实测谐波情况和无功补偿需量综合确定 SVG 和 PF 的安装参数与类型；

（3）要根据现场环境考虑现场的安装条件以及最小安装面积要求；

（4）直挂式 SVG 要充分考虑散热方式，对于潮湿地区首选水冷。

该技术适用于冶金、化工行业 35、10kV 系统。用电负荷可覆盖电弧炉、中频炉、轧机、电解槽、工业窑炉等非线性用电设备。

 [案例 6-4] 四川某轧钢企业电能质量综合治理

治理对象：电加热用户电弧炉
治理问题：闪变、谐波、功率因数偏低
治理技术：动态无功补偿、无源滤波
治理设备：静止无功发生器（SVG）、无源滤波器（PF）
应用时间：2015 年 1 月

一、案例简介

四川某轧钢厂通过 10kV 专线接入电网，造成该 10kV 专供线路 2、3、5 次谐波电流超标，最大时分别为 20、20、45A，均超过国标限值要求；10kV 母线电压短时间闪变长期处于 2.0～4.1，严重超过国标限值；同时该 10kV 线路的功率因数在 0.6～0.9 范围变化。

通过在该轧钢厂 10kV 侧加装容量为 ±4Mvar 的 SVG，同时配置容量为 9Mvar PF 后，当轧钢厂满载运行时，该 10kV 专供线路电流总谐波畸变率从 20% 下降至 2.2%，接入变电站的 10kV 母线电压总谐波畸变率从 5.2% 下降至 1.2%，短时间闪变从 4.1 下降至 0.9，平均功率因数长期保持在 0.95 左右，治理效果显著。

二、问题分析

根据轧钢厂的负荷特性得知，该用户主要存在闪变超标、谐波超标及功率因数低等问题。采用便携式电能质量测试仪，对该轧钢厂 10kV 专供线路开展

24h 连续电能质量测试。测试表明，在电弧炉运行期间，该 10kV 专供线路的实测电流波形如图 6-4-1 所示。其主要谐波电流为 2、3、5 次，谐波电流含有率一般在 5%以上，严重时甚至超过 20%，波形畸变严重。

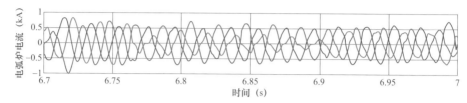

图 6-4-1　电弧炉运行期间轧钢厂 10kV 专供线路的实测电流波形

该轧钢厂电能质量超标曾引发接入变电站电容器烧毁等严重电气设备事故，如图 6-4-2 所示。经分析表明，该事件主要是由于该变电站并联电容器支路与系统阻抗发生并联谐振，导致谐波电流放大，引起电容器附加绝缘介质损耗加大、温度升高，加快了电容器的绝缘老化，最终电容器因过热而损坏。

图 6-4-2　轧钢厂接入变电站电容器烧毁情况

三、技术方案

为满足轧钢厂电弧炉运行过程中造成的电压频繁波动问题和无功快速补偿的需求，提升系统功率因数，抑制谐波电流，本案例采用 SVG 和 PF 综合治理措施。其中，SVG 主要提供动态综合补偿，抑制母线电压波动和闪变、提高功率因数；同时配置 2、3、5 次单调谐无源滤波器，吸收电弧炉产生的主要次谐波电流，并提供容性无功支撑。

四、工程情况

根据该轧钢厂电弧炉引起的无功冲击特性、无功补偿需求以及谐波电流分布特性，设计 SVG 安装容量为 ±4Mvar，PF 总安装容量为 9Mvar。考虑到轧钢厂主要谐波电流是 2、3、5 次，因此，配置 2、3、5 次无源滤波器各 1 组，单组容量均为 3Mvar。上述治理设备工程占地约 100m²。SVG 和 PF 治理装置接入示意图如图 6－4－3 所示。

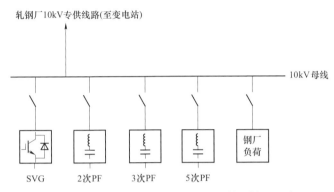

图 6－4－3 轧钢厂 SVG＋PF 治理装置接入示意图

SVG 和 PF 治理装置主要参数见表 6－4－1、表 6－4－2；现场安装实物图分别如图 6－4－4、图 6－4－5 所示。

表 6－4－1   SVG 主 要 参 数

参数名称	参数情况
并网电抗	9.55mH
级联功率模块数目	每相 12 个，共 36 个
开关频率	500Hz
单模块直流电压	1200V
装置响应时间	< 10ms
有功损耗	< 0.8%
过载能力	1.15 倍额定功率下运行不少于 30min

表 6－4－2   PF 主 要 参 数

设备名称	电容器 C（μF）	电抗器 L（mH）
2 次 PF	86.65	59.72
3 次 PF	86.65	22.86
5 次 PF	86.65	12.1

图 6-4-4　SVG 现场安装实物图

图 6-4-5　PF 现场安装实物图

五、工程应用效果

为验证实际应用效果，对治理装置投入前和投入后该轧钢厂接入变电站 10kV 专供线路电流及 10kV 母线电压进行连续 3h 测试。图 6-4-6～图 6-4-9 分别为装置投入前后该轧钢厂 10kV 专供线路电压短时间闪变、电流总谐波畸变率、变电站 10kV 母线电压总谐波畸变率和功率因数趋势图。

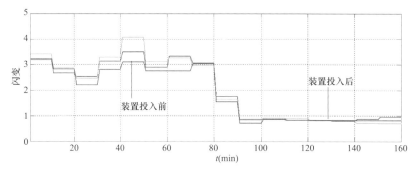

图 6-4-6　装置投入前后接入变电站 10kV 母线电压短时间闪变趋势图

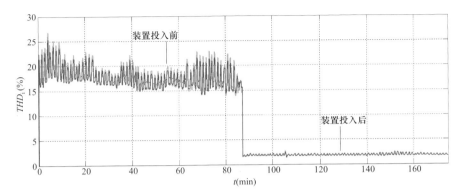

图6-4-7 装置投入前后轧钢厂10kV专供线路电流总谐波畸变率趋势图

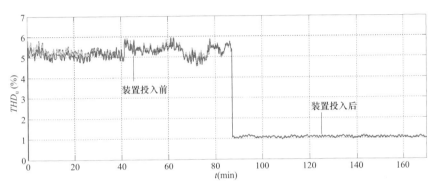

图6-4-8 装置投入前后接入变电站10kV母线电压总谐波畸变率趋势图

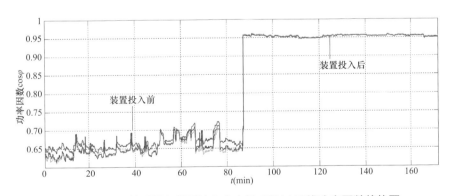

图6-4-9 装置投入前后接入变电站10kV母线功率因数趋势图

表6-4-3为治理装置投入前、后各项电能质量指标的对比情况。可以看出，投入后该轧钢厂接入变电站10kV母线电压总谐波畸变率、专供10kV线路电流总谐波畸变率均有大幅改善，电压闪变情况也得到一定改善，功率因数保持在0.95以上，各项电能质量均得到大幅提升，满足国标要求。

表 6-4-3　　治理装置投入前后各项电能质量指标对比

参　数	投入前	投入后	限值
10kV 母线电压短时间闪变 Plt	4.1	0.9	1.0
10kV 专供线路电流总谐波畸变率 THD_i（%）	20	2.2	—
10kV 母线电压总谐波畸变率 THD_u（%）	5.2	1.2	4.0
功率因数 $\cos\varphi$	0.62	0.95	0.95

　　该轧钢厂 SVG 与 PF 投资费用约 380 万，设备安全运行 5 年来，闪变和谐波电流超标、功率因数低等问题得到有效解决，治理投资成本可在 3～5 年收回。同时，接入变电站电能质量水平得到显著改善，有功送出能力增加约 8%，未再出现电容器、电抗器等设备烧毁现象，经济效益和社会效益显著。

六、技术适用场景

　　该技术采用 SVG 与 PF 相结合的方式，通过有源和无源容量协调配置，以及无功、谐波的综合治理控制策略，有效地解决该站电能质量长期超标的问题。该技术在工程应用中应做好以下规划与设计：

　　（1）现场应具备治理装置安装的场地；

　　（2）需根据实际接入点的阻抗特性、负荷谐波情况及无功需求设计无源滤波器容量及参数；

　　（3）确定 SVG 合理的控制目标，明确电能质量治理效果评价标准。

　　SVG 可有效解决无功频繁波动和闪变问题，PF 可根据实际需求选择低次单调谐或者高通滤波器形式，有效滤除谐波。SVG 和 PF 综合治理技术可在炼钢厂、水泥厂、金属制造等干扰源负荷侧进行推广应用，适用于 10、35kV 等电压等级及负荷波动大、功率因数低、谐波污染严重的场合。

 ［案例 6-5］黑龙江某钢铁企业电能质量综合治理

治理对象：电加热用户连轧机组

治理问题：电压波动、谐波、三相电压不平衡、功率因数偏低

治理技术：动态无功补偿、无源滤波

治理设备：静止无功补偿器（SVC）

应用时间：2011 年 2 月

一、案例简介

某钢铁企业轧机生产线由 10kV 电源供电，为单母线接线方式。主要供主、辅传动整流变压器用电，轧机生产线的主、副电机传动采用交—直和交—直—交变流方式，生产过程中经常出现轧机负荷跳闸及整流装置板卡烧毁等问题，经电能质量现场测试后发现其电压波动、谐波均超过国家标准限值，功率因数也较低。

在该钢厂 10kV 侧加装 SVC 后，10kV 母线电压变动从 5.3% 降到 2.6%，电压总谐波畸变率从 6.86% 降到 0.57%，满足国标限值要求，功率因数从 0.85 提升至 0.99，有效改善了电能质量，确保了设备正常运行，降低了用户电能损耗。

二、问题分析

该钢厂连轧机组运行过程中会产生大量无功功率冲击，引起电压波动问题。同时，电流中含有典型的 5、7、11、13 次等特征谐波。电压波动及谐波电流对轧机变流装置影响较大，严重时会影响正常生产。据统计，由于谐波电流及电压波动引起的轧机变流装置损坏及堆钢的情况，每月均会发生 3～4 起，甚至当白天系统电压较低时，由于电压波动造成的电压跌落致使生产无法进行，严重影响了正常生产。

采用便携式电能质量测试仪在该钢厂 10kV 母线进线处进行测试，5、7、11、13 次谐波电流分别是 30.3、10.2、45.0、29.8A。其中，5、11、13 次谐波电流分别超过 28、13、11A 的国标限值要求。5、7、11、13 次谐波电流趋势图如图 6-5-1 所示。同时，10kV 母线电压总谐波畸变率达 6.86%，超过国标限值要求（4%），趋势图如图 6-5-2 所示。

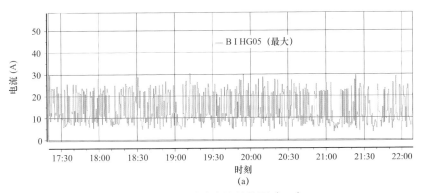

图 6-5-1 谐波电流趋势图（一）

（a）5 次谐波电流

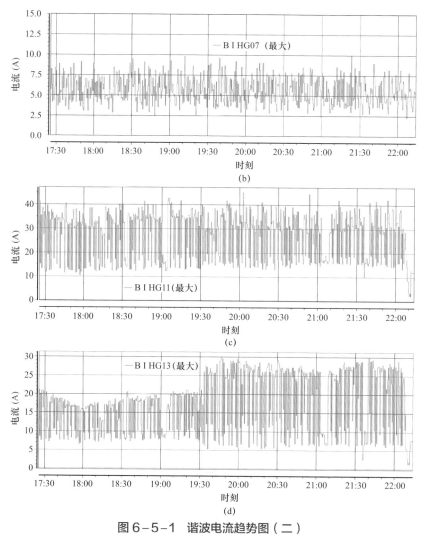

图 6-5-1 谐波电流趋势图（二）

（b）7 次谐波电流；（c）11 次谐波电流；（d）13 次谐波电流

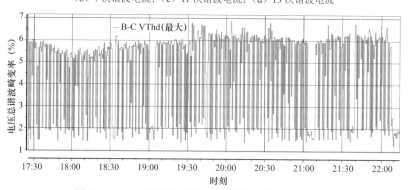

图 6-5-2 10kV 母线电压总谐波畸变率趋势图

轧机工作时，由于存在大量无功功率冲击，10kV 母线电压波动最大接近 10%，波动电压幅值达到 500V，10kV 母线电压趋势图如图 6-5-3 所示。此外，功率因数仅 0.85，无功缺口大。

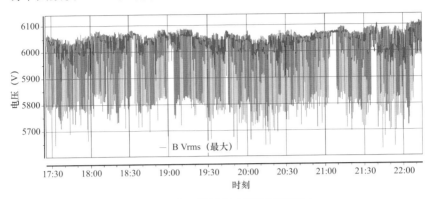

图 6-5-3　10kV 母线电压趋势图

三、技术方案

为改善该钢厂连轧机组供电母线的电能质量，按照"谁引起、谁治理"的原则进行就地综合治理。由于动态无功补偿装置（SVC）具有跟随负荷无功需求实时调节、抑制电压波动的作用，且已经在工业领域大量采用，具有成熟的技术及应用经验，因此，采用 SVC 实现电能质量综合治理。

SVC 分为多种结构类型，本方案采用晶闸管相控电抗器与无源滤波器（TCR＋PF）。其中 PF 主要是提供负荷需要的无功功率，并吸收负荷谐波电流，降低流入系统的谐波电流，达到滤除谐波电流的效果。PF 容量根据两个方面确定，一是抑制无功冲击需要的补偿容量；二是补偿功率因数达到目标值。通常情况下，只要能够满足无功冲击需要的补偿容量即可满足补偿功率因数的目标。TCR 主要是根据负荷需要的无功功率，实时调节晶闸管触发角，改变相控电抗器输出的感性无功功率，从而改变 SVC 输出的容性无功功率，达到抑制电压波动、改善功率因数的目的。TCR 采用三角形连接形式，能够实现分相补偿，从而能够调节三相电压不平衡度。应用在工业领域的 TCR 支路容量通常与 PF 支路容量相同。

四、工程情况

2010 年 8 月，该钢厂连轧机组配套 SVC 工程开工建设，经过 4 个月设计、安装、调试后顺利投运。工程包括 4 条滤波支路（分别是 3、5、7、11

次滤波支路),1 条 TCR 支路,1 套水冷却系统。设备采用户内安装,占地 300m²。图 6-5-4 所示为 SVC 主接线图,现场安装图如图 6-5-5 所示。

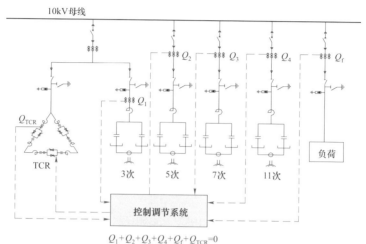

$$Q_1+Q_2+Q_3+Q_4+Q_f+Q_{TCR}=0$$

图 6-5-4　SVC 主接线图

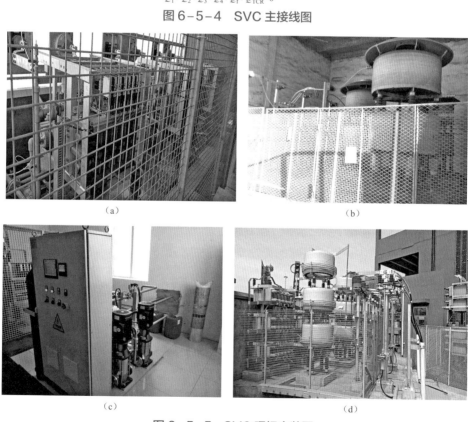

图 6-5-5　SVC 现场安装图

(a) 晶闸管阀组;(b) 相控电抗器;(c) 水冷系统;(d) 滤波电容器

SVC 容量为 20Mvar，TCR 及各次滤波支路的参数见表 6-5-1。

表 6-5-1   TCR 及各次滤波支路参数表

名称	TCR	3 次	5 次	7 次	11 次
额定电压（kV）	10	10	10	10	10
额定电流（A）	667	202	577	144	231
额定容量（Mvar）	20	3.5	10	2.5	4

五、工程应用效果

为测试 SVC 治理效果，采用便携式电能质量测试仪在该钢厂 10kV 母线进线处进行测试，测试结果如下。

1. 电压波动抑制效果

图 6-5-6 是 SVC 投入前后的该钢厂 10kV 母线电压有效值曲线，可以看到，SVC 投入前后，10kV 母线电压变动从 5.3% 降低至 2.6%，满足国标限值要求。

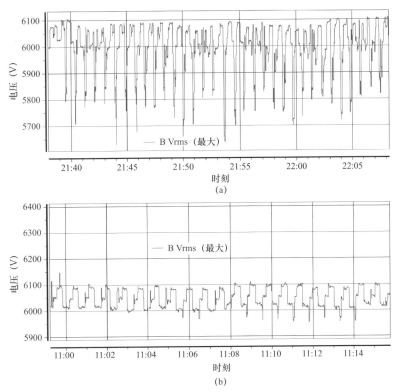

图 6-5-6 SVC 投入前后 10kV 母线电压有效值曲线

（a）投入前；（b）投入后

2. 电压总谐波畸变率

图 6-5-7 是 SVC 投入前后 10kV 母线三相电压总谐波畸变率测试曲线。SVC 投入后，母线三相电压总谐波畸变率明显降低，从最大 6.86% 降到 0.57%，满足国标限值要求。图 6-5-8 是 SVC 投入前后的 5、11、13 次谐波电流趋势图，SVC 投入后，各次谐波电流均明显降低。

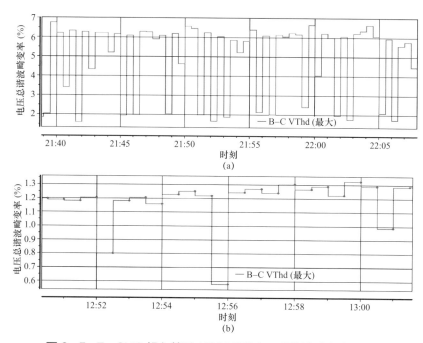

图 6-5-7 SVC 投入前后 10kV 母线电压总谐波畸变率对比图

（a）投入前；（b）投入后

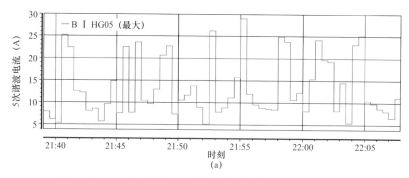

图 6-5-8 SVC 投入前后特征次谐波电流对比图（一）

（a）投入前，5 次谐波电流

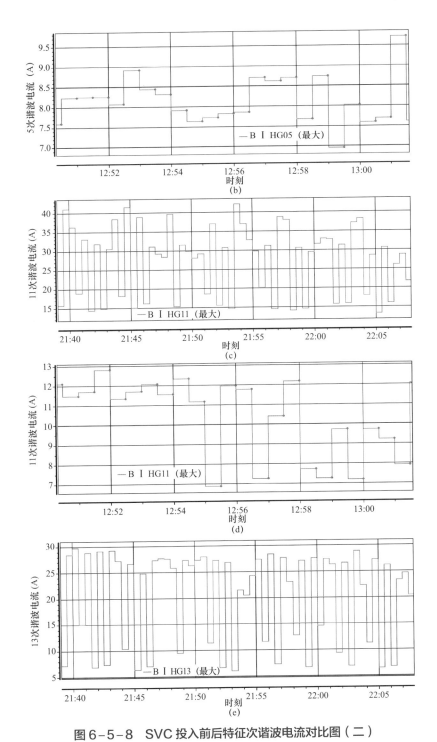

图6-5-8 SVC 投入前后特征次谐波电流对比图（二）

（b）投入后，5 次谐波电流；（c）投入前，11 次谐波电流；（d）投入后，11 次谐波电流；（e）投入前，13 次谐波电流

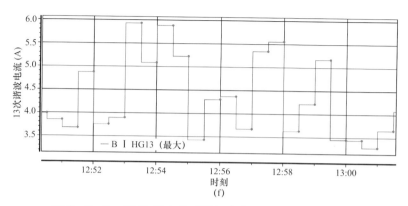

图6-5-8 SVC投入前后特征次谐波电流对比图（三）

（f）投入后，13次谐波电流

3. 三相电压不平衡治理效果

图6-5-9是SVC投入前后该钢厂10kV母线三相电压不平衡度测试曲线，SVC投入后，母线三相电压不平衡度明显降低，从最大0.62%降到0.12%。

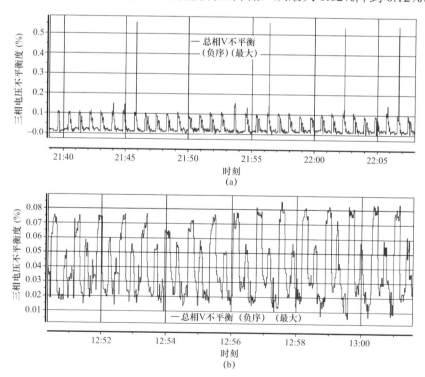

图6-5-9 SVC投入前后10kV母线三相电压不平衡度曲线

（a）投入前；（b）投入后

4. 功率因数

图 6－5－10 是 SVC 投入前后 10kV 总进线功率因数测试曲线。SVC 投入后，母线 10kV 总进线平均功率因数从 0.85 升到接近于 1，功率因数明显改善。

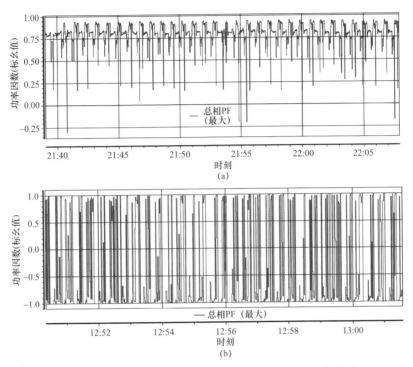

图 6－5－10 SVC 投入 10kV 总进线前后功率因数曲线

（a）投入前；（b）投入后

5. 节能效果

图 6－5－11 是 SVC 投入前后该钢厂 10kV 总进线电流值测试波形，SVC 投入后，总进线电流从 1000A 降到 600A，上级变压器总容量 31.5MVA，负载降低 7MVA，损耗降低了 6.84kW，变压器年节电量 6 万 kWh。

该钢厂采用的 SVC 设备已经稳定运行近 10 年。采用该技术后，电压波动及谐波超标等问题得到有效改善，产品生产质量明显提高，轧机变流装置损坏、停产次数从原来的每月 3～4 次减少为 0 次，因设备损坏产生废品的年节支费用达 96 万余元。SVC 投入后，每年节约电费 57 万余元。由于功率因数提高，每月电力公司奖励 10 万元，年奖励金额 120 万元左右。SVC 投资费用 200 余万元，一年内可收回成本，具有显著经济效益。

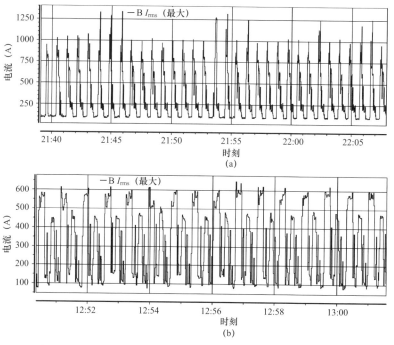

图6-5-11　SVC投入前后10kV总进线电流值测试波形

（a）投入前；（b）投入后

六、技术适用场景

SVC已经在各行业领域广泛采用，具有治理电压波动、改善电压谐波总畸变率、抑制谐波电流、改善三相电压不平衡度、提高功率因数等优点。

SVC技术成熟，运行可靠，在冶金、风电、光伏、铁路、化工、输电网等已经大量应用，能够综合治理电能质量问题，具有非常广阔的应用前景。

［案例6-6］湖南某电化工企业谐波治理及无功补偿

治理对象：电化工用户整流机组

治理问题：谐波、功率因数偏低

治理技术：感应滤波

治理设备：感应滤波成套装置（感应滤波整流变压器及感应滤波装置）

应用时间：2009年4月

一、案例简介

某电化工企业安装一套电解氯化钠生产线，供电电压等级为 35kV，供电系统包括 3 台 6 脉波整流机组，通过移相后构成 18 脉波整流系统，实现直流电能输出，从而进行电解生产。经过测试发现：该整流系统存在单个机组谐波含量大（其中 5 次谐波电流达 20.4A，电流总谐波畸变率达到 25.48%）、功率因数低（0.92）等问题，导致整流机组损耗大（效率为 96.1%），存在较大节能空间。

对该厂 1 号整流机组进行感应滤波技术改造后，电流总谐波畸变率降为 5.15%，谐波抑制效率 90% 以上；功率因数提高到 0.96 以上；机组整流效率提高至 98.48%，较原机组提高 2.38 个百分点。

二、问题分析

该用户电解氯化钠生产线原供电系统由 3 台 35kV 6 脉波整流机组构成，单台整流机组的谐波电流主要是 5、7、11、13 次等。通过移相整流技术汇流后，理想情况下的谐波电流主要是 17、19 次等，但由于系统参数匹配等问题，实际仍存在一定的低次谐波电流。

对改造前供电系统进行电能质量测试，1 号整流机组 35kV 入线端及 3 台整流机组 35kV 汇流处的电压、电流波形如图 6-6-1 所示。从图 6-6-1 中可以看出，单台整流机组 35kV 网侧电流畸变比较严重（电流总谐波畸变率达到 25.48%），而 3 台整流机组在 35kV 网侧汇流后的电流波形较好（电流总谐波畸变率为 4.41%）。

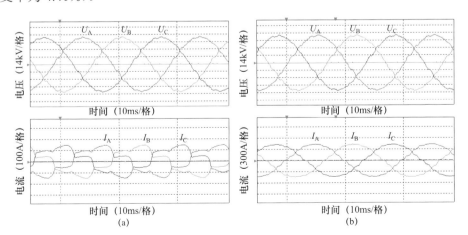

图 6-6-1 改造前 1 号机组 35kV 入线端和 3 台整流机组 35kV 汇流处的电压、电流波形

（a）1 号整流机组 35kV 入线端；（b）3 台整流机组 35kV 汇流处

虽然移相整流技术可以减少注入电网的谐波电流，但是对于单台机组，谐波电流仍然流过机组的调压变压器和整流变压器，对设备产生不良影响，导致损耗增加，机组效率仅为 96.1%，功率因数仅为 0.92。表 6-6-1 给出了测量点改造前供电系统交流侧主要特征次谐波电流有效值及畸变率。

表 6-6-1　　　　　改造前供电系统交流侧主要特征次
谐波电流值及畸变率

基波及谐波次数	1 号机组 35kV 网侧入线端		35kV 网侧汇流处	
	有效值（A）	含量（%）	有效值（A）	含量（%）
1	91.6	—	306.5	—
5	20.4	22.27	7.2	2.35
7	7.2	7.86	4.2	1.37
11	6.5	7.1	2	0.65
13	3.5	3.82	1.4	0.46
电流总谐波畸变率（%）	25.48		4.41	

三、技术方案

针对原有供电系统单台整流机组谐波含量大、功率因数低、整流效率低等问题，对 1 号整流机组进行感应滤波技术改造。改造后的生产线供电系统如图 6-6-2 所示，图中虚线框内为改造后的 1 号感应滤波整流机组，2、3 号为原有传统整流机组。1 号感应滤波整流机组主要由调压变压器、感应滤波整流变压器以及感应滤波装置组成，其原理接线图如图 6-6-3 所示。

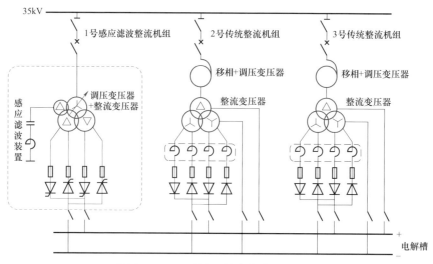

图 6-6-2　改造后的生产线供电系统

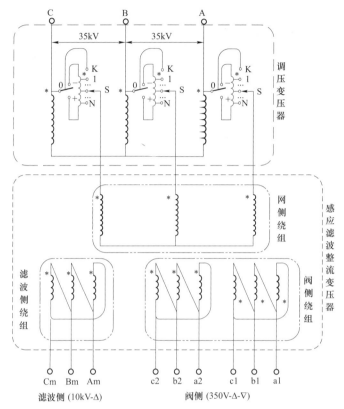

图 6-6-3　1 号感应滤波整流机组原理接线图

说明：K 为变压器起始挡位，N 为变压器可调的最大挡位。

感应滤波整流变压器在普通整流变压器中增设一套滤波绕组，滤波绕组采用零等值阻抗特殊设计，滤波绕组外接由多个单调谐（全调谐）滤波支路并联构成的感应滤波装置，滤波绕组和全调谐感应滤波装置构成相应次谐波短路环，从而达到良好的滤波效果。

四、工程情况

对该电化工厂原有 1 号传统整流机组进行改造，更换为感应滤波整流机组，整体设备占地约 $50m^2$。工程于 2009 年 4 月投运，感应滤波整流机组现场安装图如图 6-6-4 所示。

感应滤波整流机组基本设计参数见表 6-6-2，其中感应滤波整流变压器容量为 10 888kVA，滤波绕组的等值阻抗设计值为 0.115%，工程实测值为0.06%，趋近于零，远小于网侧绕组的等值阻抗。

（a）　　　　　　　　　　　　　　　　　　（b）

图 6-6-4　感应滤波成套装置现场安装图

（a）感应滤波整流变压器；（b）感应滤波装置

表 6-6-2　　　　　　　　　**感应滤波整流机组基本设计参数**

接线方案	调压变压器部分		感应滤波变压器部分		
	公共绕组	串联绕组	网侧绕组	阀侧绕组	滤波绕组
线电压（kV）	35	5.052	35	0.35	10
容量（kVA）	2177	2177	10 888	10 908	3900
等值阻抗（%）	3.565	3.565	3.115	3.365	0.115

感应滤波整流机组配置 5、7、11、13 次全调谐感应滤波装置，其主要设计参数见表 6-6-3。各滤波支路的参数设计按照满足总无功补偿容量的前提条件，通过损耗最小原则分配各支路的无功补偿容量，并按照相应次谐波频率下全调谐的特征进行设计。

表 6-6-3　　　　　　　　**感应滤波装置主要设计参数**

全调谐支路	5 次	7 次	11 次	13 次
接入点电压（kV）	10	10	10	10
基波补偿容量（单相）（kvar）	500	302.3	231.3	76.7
支路谐波电流（A）	120	85.77	54.58	46.18

五、工程应用效果

为测试该感应滤波整流机组的实际应用效果，对感应滤波装置投入前后，感应滤波整流机组 35kV 网侧的谐波、整流效率、功率因数等进行现场测试，并与原 1 号整流机组进行对比分析。

1. 谐波电流抑制效果

图 6 - 6 - 5 给出了感应滤波整流机组 35kV 网侧入线端的电压与电流实测
波形。通过对比可以看到，在投入全调谐感应滤波装置后，网侧电流波形得到
了大大改善。

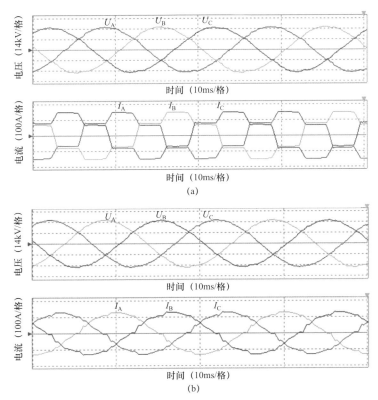

(a)

(b)

**图 6 - 6 - 5　感应滤波整流机组 35kV
网侧入线端的电压电流实测波形**

（a）未投入感应滤波装置；（b）投入感应滤波装置

感应滤波整流机组　35kV　网侧入线端主要特征次谐波电流滤除效果见
表 6 - 6 - 4。由表 6 - 6 - 4 可以看出，投入感应滤波装置后，主要特征次谐波电
流均大幅度降低，谐波滤除率都达到 90%以上，各次谐波均满足国标限值要求，
电流总谐波畸变率由 24.44%下降到 5.15%，谐波抑制效果良好。

表6-6-4　　　　　感应滤波整流机组 35kV 网侧入线端
主要特征次谐波电流滤除效果

各次谐波	网侧出线端谐波值（A）		谐波滤除率（%）	谐波限值（A）
	投入滤波器前	投入滤波器后		
5 次	19.38	1.42	92.67	6
7 次	11.97	1	91.64	4.99
11 次	6.39	0.39	93.92	3.76
13 次	4.43	0.25	94.36	3.26
电流总谐波畸变率（%）	24.44	5.15	—	—

2. 效率提升效果

表 6-6-5 为感应滤波整流机组与原 1 号整流机组效率对比。在投入感应滤波装置时，感应滤波整流机组的效率达到 98.48%，较原 1 号整流机组提高 2.38 个百分点，节能效果显著。

表6-6-5　　　　感应滤波整流机组与原1号整流机组效率对比

单台整流机组效率（%）			备注
原 1 号整流机组	感应滤波整流机组	效率提高幅度	
96.1	96.39	0.29	不投感应滤波装置
96.1	98.48	2.38	投入感应滤波装置

3. 功率因数提升效果

表 6-6-6 为感应滤波整流机组与原 1 号整流机组功率因数对比。在投入感应滤波装置时，感应滤波整流机组的功率因数达到 0.966，较原 1 号整流机组提高 0.049 个百分点，功率因数提升明显。

表6-6-6　　　　感应滤波整流机组与原1号整流机组功率因数对比

单个整流机组功率因数			备注
原 1 号整流机组	感应滤波整流机组	功率因数提高幅度	
0.917	0.924	0.007	不投感应滤波装置
0.917	0.966	0.049	投入感应滤波装置

本案例采用感应滤波技术，通过感应滤波整流变压器及配套滤波装置的特殊设计，达到了谐波抑制良好、功率因数提升明显、节能降耗显著等电能质量

治理效果。

感应滤波整流机组在该电化工用户运行 6 年，设备运行安全可靠，确保了该用户接入电网的电能质量优良。

六、技术适用场景

该技术在工程应用中应注意以下技术要点：

（1）感应滤波整流机组中的调压变压器以及整流变压器的绕组应合理布置及设计，既要满足感应滤波技术的设计要求，又要确保机组体积在合理范围内；

（2）感应滤波变压器需采用两组阀侧绕组，以实现同相逆并联技术，从而达到减少阀侧母排互感，降低交流阻抗的目的；

（3）可根据实际需求配置滤波器次数。

本技术适用于 35kV 及以上的电解、化工、冶金等高耗能、重谐波污染用户的整流机组新建、扩建及改造工程。

 [案例 6-7] 重庆某卷烟厂谐波治理

治理对象：电加热用户变频器
治理问题：谐波、功率因数偏低
治理技术：无源滤波
治理装备：无源滤波器（PF）、固定电容器（FC）
应用时间：2009 年 10 月

一、案例简介

某卷烟厂包卷车间 4 号变压器容量为 2MVA，主要负荷为变频器，属于非线性负荷。经电能质量现场测试发现，该厂在满负荷工况下运行时，变压器低压侧主要存在 5 次谐波电流超标、电压总谐波畸变率偏高，以及功率因数偏低三个方面问题。

为了有效滤除 5 次谐波电流，补偿无功，在该厂变压器低压侧加装 5 次单调谐无源滤波器 1 台、固定电容器 1 组。加装治理装备后，5 次谐波电流由 245A 降低至 59A，电压总谐波畸变率由 4.69% 降低至 2.78%，满足国标限值要求；功率因数提高至 0.99，电能质量治理效果明显。

二、问题分析

该卷烟厂的生产设备中配有大量变频器，包括制丝生产线、卷机包生产线、装封箱等生产设备，以及风机、水泵等动力设备，这些设备的接入造成了接入点谐波含量高、功率因数低的问题。卷烟厂变频器主要由 4 号变压器供电。4号变压器满负荷运行工况下基波电流为 2310A，5 次谐波电流为 245A，含有率为 10.6%，电压总谐波畸变率为 4.69%，功率因数为 0.93。

谐波超标问题已影响到厂内设备的正常运行和安全。其主要表现为工艺控制系统主机经常无故死机，严重影响卷烟厂正常生产；谐波超标使设备过热，减少设备使用寿命。

三、技术方案

由于该厂变频器主要由 4 号变压器供电，产生 5 次谐波电流，且无功需求大，因此在 4 号变压器低压侧加装无源滤波器及无功补偿装置，滤除 5 次谐波电流，补偿无功，提高系统功率因数。

设计方案包括：① 设计单调谐无源滤波器 1 台，吸收 5 次谐波；② 设计固定电容器 1 组，补偿无功功率。无源滤波器和固定电容器均并联在 4 号变压器低压侧母线。

四、工程情况

2009 年 10 月，该卷烟厂对包卷车间 4 号变压器配电室进行技术改造，加装 5 次单调谐无源滤波器 1 台，固定电容器 1 组。其电气接线示意图如图 6－7－1所示。5 次单调谐无源滤波器、固定电容器具体参数见表 6－7－1。

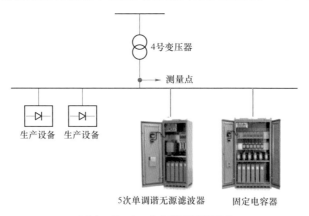

图 6－7－1 电气接线示意图

表6-7-1   无源滤波器、固定电容器参数表

项目	5次单调谐无源滤波器	固定电容器
系统电压（V）	220	220
系统频率（Hz）	50	50
额定容量（kvar）	185	400
滤波阶次（或调谐频率）	5次	—
安装场所	室内	室内

五、工程应用效果

该工程于2009年10月底正式投运。为测试波器的实际应用效果，在该变压器低压侧对治理装置投运后的电能质量治理效果进行了测试，结果如下：

1. 谐波治理效果

在该卷烟厂负载基本相同的情况下，滤波器投入及退出时，测量点电压总谐波畸变率、5次谐波电流趋势图如图6-7-2所示。谐波器投入后，电压总谐波畸变率及5次谐波电流均大幅减少。

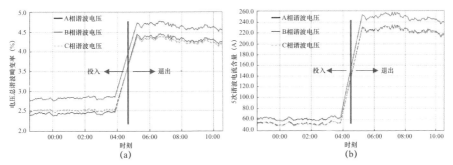

图6-7-2　滤波器投入及退出系统谐波改善情况

（a）电压总谐波畸变率趋势图；（b）5次谐波电流趋势图

图6-7-3给出了滤波器投入及退出情况下的谐波电流频谱图。滤波器投

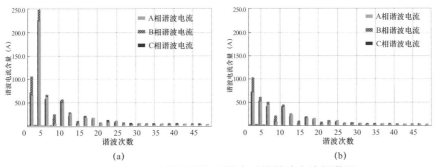

图6-7-3　滤波器投入及退出系统谐波电流频谱图

（a）滤波器退出；（b）滤波器投入

入后，5 次谐波电流抑制效果明显，其他次谐波电流均有不同程度减小，滤波效果显著。

2. 功率因数提升效果

图 6-7-4 给出了滤波器投入及退出时功率因数趋势图。从图 6-7-4 可以看出，滤波器投入后，功率因数得到改善。

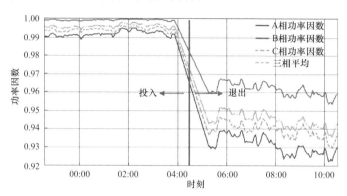

图 6-7-4　滤波器投入及退出时系统功率因数趋势图

表 6-7-2 给出了测量点滤波器投入及退出情况下，电压总谐波畸变率、5 次谐波电流及功率因数数据对比。滤波器投入后，5 次谐波电流由 245A 降至 59A（B 相），电压总谐波畸变率由 4.69% 降至 2.78%（B 相），谐波治理效果显著；功率因数由 0.93 提高至 0.99（A 相），功率因数得到改善。

表 6-7-2　　　　　　滤波器投入及退出系统数据对比

滤波器状态	A 相		B 相		C 相		限值要求	达标情况
	退出	投入	退出	投入	退出	投入		
5 次谐波电流（A）	225	52	245	59	226	53	127	达标
电压总谐波畸变率（%）	4.32	2.41	4.69	2.78	4.27	2.48	5	达标
功率因数	0.93	0.99	0.96	0.99	0.94	0.99	0.95	达标

该技术方案投资较小，运行维护费用较低，治理设备安装后治理效果明显。设备安全运行近 10 年来，确保了该卷烟厂电能质量优良，厂内设备运行良好，无故死机概率显著降低。

六、技术适用场景

本案例采用的 5 次单调谐滤波器与固定电容器配合使用的方式，具有结构简单、成本低廉、运行费用较低等优点；在治理效果上，谐波抑制优良、功率因数提升明显。两者配合使用时，应注意无源容量的合理配置，避免引起电网谐振问题。

本技术广泛适用于存在变频器、整流器、直流电动机、中频炉等的非线性负荷工业用户。

 [案例 6-8] 四川某化工企业谐波治理及无功补偿

治理对象：电加热用户三相全桥整流负载和感性负载
治理问题：谐波、功率因数偏低
治理技术：有源滤波、动态无功补偿
治理装备：有源滤波器（APF）、静止无功补偿器（TSC 型）
应用时间：2016 年 1 月

一、案例简介

某化工企业配电变压器的额定容量为 1250kVA，电压等级为 10kV/400V，配电变压器低压侧接有三相全桥整流负载和以电动机为主的感性负载，3、5 次谐波电流超标问题严重，电流总谐波畸变率最大可达到 45%。在该配电变压器低压侧加装 APF 和 TSC 补偿装置后，母线电压总谐波畸变率从 4.26% 下降至 1.44%，3 次谐波电流从 20.91A 降低至 3.09A，5 次谐波电流从 22.36A 降低至 1.73A，功率因数从 0.69 提升至 0.95，谐波治理和无功补偿效果显著。

二、问题分析

该化工企业曾发生配电柜和电容器损毁情况，严重影响正常用电。经电能质量现场测试、分析，该化工企业配电变压器低压侧电压和电流波形畸变严重，存在 3、5 次谐波电流超标、功率因数较低等电能质量问题。其中，3、5 次谐波电流最大时分别达 20.91A 和 22.36A，超过国标限值；低压侧功率因数最低时仅为 0.69，按照功率因数不低于 0.9 的标准进行计算，无功缺额最大达到 122.55kvar。配电设备受损情况如图 6-8-1 所示，配电变压器低压侧电压、电流波形如图 6-8-2 所示。

三、技术方案

针对该化工企业谐波电流超标和功率因数较低的问题，需要采取兼顾无功补偿和滤波的综合治理手段。考虑到负荷所需补偿的基波无功容量大，而需要抑制的谐波电流相对较小,因此采用 APF 与 TSC 相结合的方式。其中 TSC 部分采用分级投切策略,实现负荷侧大部分无功功率的补偿;APF 具有滤波及阻尼 TSC 与线路阻抗产生谐振的功能,同时补偿负载的谐波电流及 TSC 补偿后剩余的少部分无功功率,确保综合治理装置对谐波和无功的补偿精度和响应速度。

（a）

（b）

图 6-8-1　配电设备受损情况
（a）配电柜；（b）电容器

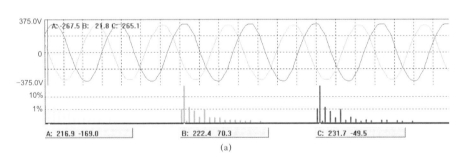
（a）

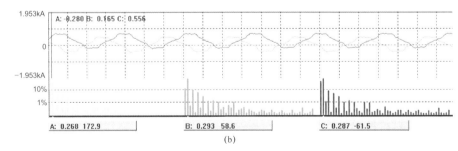
（b）

图 6-8-2　配电变压器低压侧电压、电流波形
（a）电压波形；（b）电流波形

图 6-8-3 为 APF+TSC 协调控制器综合治理装置结构示意图。由于该用户负荷易出现三相电流不平衡的问题，且在发生单相故障时非故障相需继续运行，因此采用三相独立设计，由三个单相 APF 和 TSC 构成，通过 APF 和 TSC 协调控制实现无功补偿和谐波综合治理。

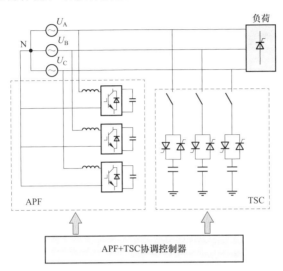

图 6-8-3 APF+TSC 协调控制器综合治理装置结构示意图

TSC 无功补偿设计容量 Q_C 根据该用户日均最大有功功率 P_L、日均功率因数 $\cos\varphi_1$ 以及补偿后功率因数目标 $\cos\varphi_2$ 确定，计算公式如下

$$Q_C = P_L\left(\sqrt{\frac{1}{\cos^2\varphi_1}-1} - \sqrt{\frac{1}{\cos^2\varphi_2}-1}\right) \qquad (6-8-1)$$

式中　P_L——用户日均最大有功功率，取 250kW；

　　$\cos\varphi_1$——用户最大负荷日平均功率因数，取 0.69；

　　$\cos\varphi_2$——功率因数补偿目标，取 0.9。

按照功率因数补偿目标 0.9 进行计算，则 TSC 无功补偿设计容量 Q_C 为 140kvar。为了避免容量较大的电容器组投切对电网造成的冲击，同时提高静态补偿精度，TSC 每相由三组不同容量的补偿支路组成，各支路无功补偿容量按照 1:2:4 进行配置。

TSC 控制器根据负载无功功率 Q_L 实时计算所需补偿的无功容量，基于图 6-8-4 所示的 TSC 无功投切控制逻辑框图、表 6-8-1 所示的无功投切规则及晶闸管过零投切策略形成 TSC 的最优投切方案，并选择电容器组最优组合方案投切，实现大部分容性无功缺额的补偿。为避免投切振荡现象，投切控制分成三个步骤进行：

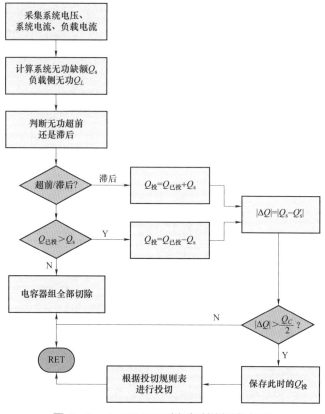

图 6-8-4　TSC无功投切控制逻辑框图

（1）保存发生投切动作时网侧无功缺额 Q_s；

（2）用经新一轮数据采集后计算得到的系统无功缺额 Q'_s 与 Q_s 作差形成 ΔQ，根据其范围判断是否发出投切指令；

（3）确定投切后，按照投切规则进行投切，并保存本次投切动作时的系统无功缺额 Q_s。

表6-8-1　　　　　　　无 功 投 切 规 则 表

负载无功功率 Q_L（kvar）	应投组别		
	80kvar	40kvar	20kvar
$0<Q_L<10$	0	0	0
$10<Q_L<30$	0	0	1
$30<Q_L<50$	0	1	0
$50<Q_L<70$	0	1	1
$70<Q_L<90$	1	0	0

续表

负载无功功率 Q_L（kvar）	应投组别		
	80kvar	40kvar	20kvar
$90<Q_L<110$	1	0	1
$110<Q_L<130$	1	1	0
$130<Q_L$	1	1	1

注　"0"表示支路投入，"1"表示支路切除。

APF 通过对负载电流的检测获取各次谐波分量及 TSC 补偿后剩余的无功补偿量，实现谐波抑制及剩余无功功率补偿。同时，APF 的接入相当于在电网支路串联了一个感性谐波阻抗，可以有效抑制 TSC 与系统阻抗可能产生的并联谐振。

四、工程情况

2016 年 1 月，在该用户配电变压器低压侧完成动态无功补偿与有源滤波结合的综合治理装置安装，图 6-8-5、图 6-8-6 分别为该装置现场接入示意图和现场安装图。

根据配电变压器容量及用户最大运行负荷，TSC 额定补偿容量为 140kvar，每组容量依次为 20kvar、2×20kvar、4×20kvar；其中每组 20kvar TSC 支路的参数为 $C=438\mu F$，$L=1.39mH$，$R=0.022\Omega$。APF 额定补偿谐波电流为 120A，并网电抗 $L_F=0.3mH$，直流侧电容 $C=5000\mu F$，直流母线给定电压为 400V，开关频率 $f_s=10kHz$。

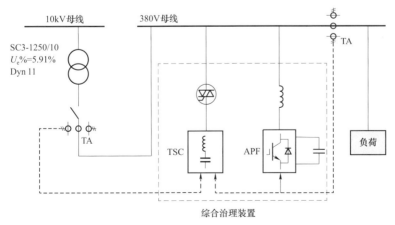

图 6-8-5　装置现场接入示意图

图 6-8-6　装置现场安装图

装置的总体性能指标：① 谐波电流补偿响应速度≤20ms；② 无功补偿响应速度≤200ms；③ 补偿后功率因数≥0.9；④ 补偿后各次谐波电流满足国标限值要求。

五、工程应用效果

1. 治理效果

为验证该装置的实际应用效果，对装置投入前和投入后电能质量治理效果进行连续 24h 的测试。

装置投入前、后配电变压器低压侧 A 相电压、电流波形如图 6-8-7 所示，

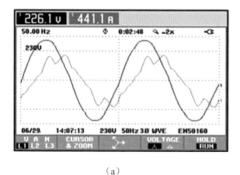

（a）

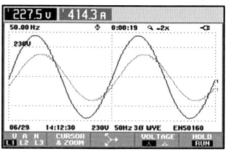

（b）

图 6-8-7　装置投入前、后配电变压器低压侧 A 相电压、电流波形

（a）投入前；（b）投入后

B 相、C 相与之类似。装置投入后,电压总谐波畸变率、电流总谐波畸变率明显降低,特征次谐波电流含量显著降低,功率因数显著改善,分别见表6-8-2～表6-8-5。以 A 相为例,投入前各次谐波电流含量较大,其中3、5 次谐波电流均超过国标限值;投入后各次谐波电流含量明显降低,3、5 次已满足国标限值要求。

表6-8-2 装置投入前、后配电变压器低压侧电压总谐波畸变率(THD_u)对比

相序	电压总谐波畸变率(%)		
	投入前	投入后	限值
A 相	3.76	1.39	5.0
B 相	4.26	1.44	5.0
C 相	4.03	1.50	5.0

表6-8-3 装置投入前、后配电变压器低压侧电流总谐波畸变率(THD_i)对比

相序	电流总谐波畸变率(%)	
	投入前	投入后
A 相	6.21	2.66
B 相	11.83	2.53
C 相	8.15	2.45

表6-8-4 装置投入前、后配电变压器低压侧 A 相特征次谐波电流含量对比

谐波次数	特征次谐波电流含量(A)		
	投入前	投入后	限值(A)
3	20.91	3.09	15.50
5	22.36	1.73	15.50
7	10.88	1.70	11.00
11	6.25	1.14	7.00

表6-8-5 装置投入前、后配电变压器低压侧功率因数对比

相序	功率因数	
	投入前	投入后
A 相	0.69	0.95
B 相	0.69	0.97
C 相	0.72	0.97

2. 投资效益

当装置满功率运行时，运行损耗约 2.0kW，但因功率因数提高可减少线路损耗约 7.9kW，综合降损约 5.9kW，且该装置投运后变压器输出能力可增加约 8%。总体而言，该治理装置的投资成本可在 3～4 年收回，经济效益较为显著。

六、技术适用场景

本案例采用 TSC 与 APF 相结合的无功补偿及谐波抑制综合治理手段，通过有源和无源容量协调配置，实现无功、谐波的精确控制，谐波抑制、功率因数提升效果明显。

TSC 与 APF 相结合的无功补偿及谐波抑制综合治理适用于同时存在谐波超标和功率因数偏低等问题的各类配电系统。在工程应用中，应结合负荷的变化情况、谐波特性以及系统阻抗综合确定 TSC、APF 的补偿容量、动态响应时间等参数。

[案例 6-9] 北京某含非线性负荷的配电用户谐波治理

治理对象：LED 大屏、喷泉等非线性负荷
治理问题：谐波
治理技术：有源滤波
治理设备：有源滤波器（APF）
应用时间：2019 年 9 月

一、案例简介

北京某用户 1 因举办临时活动增加临时箱式配变房，为大容量 LED 大屏、音响、照明、空调等负载供电，并配置多个供电设备自动转换开关装置（Automatic Transfer Swithing，ATS）。当容量为 660kW 的 LED 大屏负荷投入运行并在亮度达到 50% 以上时，其零线上的 3 次谐波电流达到 255A 以上，引发 ATS 零序保护开关动作，大屏负载不能正常显示画面。通过在大屏负载处加装 APF，有效解决了零线谐波电流过大的问题，保证了大屏负载的正常运行。

北京某用户 2 带喷泉负载，上级箱式配变房在喷泉负载运行时，电流总谐波畸变率达到 95%，引起箱式变电站内电气设备过热并造成主进线断路器出现

异响和振动。通过在喷泉负载处加装 APF，有效抑制了谐波电流，消除了异响和振动问题。

二、问题分析

用户 1 新增的 LED 大屏、音响、照明、空调为电力电子类负载，为保障负载可靠供电，同时配置多个 ATS。ATS 由两路独立电源供电，当其中一路电源发生故障时，ATS 可将负荷由故障电源切换至另一路电源供电。LED 大屏由两万多个发光二极管组成，会产生大量奇次谐波，造成配电系统谐波电流增大；并且在三相配电线路中，相线上 3 的整数倍谐波会在零线上叠加。在 LED 大屏亮度调整到 50%时，对大屏负载进行电能质量测试发现，当相线上基波电流为 216A、3 次谐波电流为 95.96A 时，零线上基波电流为 26.95A、3 次谐波电流为 323A。相线与零线主要次谐波电流如表 6 - 9 - 1 所示。

表 6 - 9 - 1　　　　　　LED 大屏相线与零线主要次谐波电流　　　　单位：A

参数	C 相	零线
基波电流	216	26.95
3 次谐波电流含量	95.96	323
5 次谐波电流含量	34.91	9.26
7 次谐波电流含量	23.07	7.60
9 次谐波电流含量	5.77	17.28
11 次谐波电流含量	12.68	2.56
谐波电流合计	106	256

因 ATS 带有零线电流保护功能，当零线上谐波电流过大时会触发零线保护，并且在 LED 大屏亮度达 50%的情况下，由任一路电源供电时均会存在零线谐波电流过大问题。零线谐波电流过大导致 ATS 频繁切换动作，大屏不能正常显示画面。

用户 2 喷泉负载的核心部分是水泵，属于电机类非线性负荷，运行时存在 5、7 次等特征次谐波电流，引发上级箱式变电站 402 断路器发生异响和振动。经电能质量测试发现，喷泉负载运行时电流总谐波畸变率高达 95%，基波电流值为 76A，5、7 次谐波电流含量分别为 57、42A，主要次谐波电流波形图如图 6 - 9 - 1 所示。

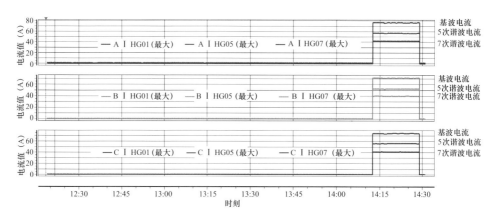

图 6-9-1　喷泉负载主要次谐波电流波形图

三、技术方案

APF 通过晶闸管控制，当有谐波产生时会产生大小相等、方向相反的电流来抵消谐波，可以实现各次谐波的实时快速动态补偿。本案例进行技术方案设计时，对分散治理和集中治理两种方案进行比选如下：

分散治理方案中，APF 安装位置在负载端，只滤除该负载产生的谐波；集中治理方案中，APF 安装位置在线路所有负载的最前端，可滤除该条线路上所有负载产生的谐波。与分散治理相比，集中治理方案配置的治理装置容量较大。治理方案示意图如图 6-9-2 所示。分散治理与集中治理方案对比见表 6-9-2。

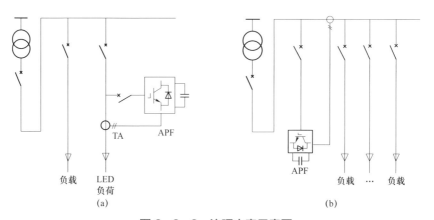

图 6-9-2　治理方案示意图

（a）分散治理；（b）集中治理

表6-9-2　　　　　　　　　　　分散治理与集中治理方案对比

治理位置	分散治理		集中治理	
	优点	缺点	优点	缺点
负载端	配置的容量小	无法滤除没安装APF的其他负载所带来的谐波	针对线路中所有负载产生的谐波进行治理	配置的容量较大
线路所有负载的最前端				

结合本案例特点，为节省现场安装空间，降低投资成本，用户1、2均采用壁挂式APF分散治理方式，并根据治理前的电能质量测试数据，预留一定裕度来配置APF容量。由于用户1零线上谐波电流含量高达256A，根据APF现有规格并留出裕度，故选择配置容量为300A的APF；用户2谐波电流含量为75A，故选择配置容量为100A的APF。

四、工程情况

用户1建有1座临时开闭所和1座临时箱式变电站，箱式变电站内有2台配电变压器，配置4个180kW的配电柜为LED大屏负载供电。2019年7月，安装了4套容量为300A的壁挂式APF，接入LED大屏的4个配电柜进线处。

用户2建有2座临时箱式变电站，每个箱式变电站内设有2个主进断路器，每个主进断路器带2个喷泉负载，共8个喷泉负载。2019年9月，为每个喷泉负载安装一个容量为100A的壁挂式APF，分别接入喷泉负载的配电柜进线处。壁挂式APF现场安装效果如图6-9-3所示。

图6-9-3　壁挂式APF现场安装效果图

五、工程应用效果

2019年9月，为测试APF投入后的治理效果，分别对用户1的LED大屏负载和用户2的喷泉负载进行电能质量测试。

用户1投入APF后，当LED大屏负载亮度增加至50%时，大屏负载零线上的3次谐波电流由治理前的323A降低至5.4A，5、7、9次和11次谐波电流含量也显著降低，LED 大屏零线电流过大问题得到有效解决，大屏运行正常。用户 1 治理前、后主要次谐波电流含量测试数据对比如表 6－9－3 所示。

表6－9－3　用户1治理前、后主要次谐波电流含量测试数据对比　　　单位：A

谐波次数	治理前	治理后
3	323	5.4
5	9.26	0.1
7	7.60	0.3
9	17.28	0.2
11	2.56	0.1

用户 2 投入 APF 后，电流总谐波畸变率由 95% 降至 4.5%，5、7、11 次谐波电流含量显著降低，解决了由于负载谐波电流过大造成的主进断路器异响和振动问题。用户 2 治理前、后主要次谐波电流含量测试数据对比如表 6－9－4 所示。

表6－9－4　用户2治理前、后主要次谐波电流含量测试数据对比　　　单位：A

谐波次数	治理前	治理后
3	4	1.1
5	57	0.8
7	42	1.5
11	15	1.3

六、技术适用场景

本案例对 LED 大屏和喷泉等非线性负载采用 APF 进行谐波治理，确保了用户负载正常可靠运行，为含有此类负载的电力用户的谐波治理提供了有效技术手段。本案例在应用时，需注意以下事项：

（1）分析各种产生谐波的负载及其相应供电设备的运行特性，尤其关注用户临时新增的非线性负载；

（2）制订治理目标，根据实际工程及投资情况选择治理方式。

含敏感设备的电力用户电能质量治理典型案例

[案例 7-1] 北京某特种玻璃生产线电能质量综合治理

治理对象：可控硅整流设备等非线性、冲击性设备，可编程逻辑控制器、计算机、接触器等敏感设备

治理问题：谐波、功率因数偏低、电压暂降和短时中断

治理技术：有源滤波、动态无功补偿、快速切换

治理设备：统一电能质量控制器（UPQC）、静止无功发生器（D-STATCOM）、固态切换开关（SSTS）

应用时间：2015 年 6 月

一、案例简介

某重要电力用户主要从事太阳能电池基板和低辐射镀膜玻璃制造，建有两条浮法玻璃生产线和一条低辐射镀膜玻璃生产线。该电力用户配电系统功率因数低，无功波动大，存在 5、7 次等特征谐波电流。同时，该用户生产线因配置了可编程逻辑控制器、接触器等电压暂降敏感设备，对供电质量要求较高。

通过在用户侧加装 UPQC、D-STATCOM，有效解决了该电力用户谐波超标、功率因数偏低等问题，其中 5 次谐波电流由 11.14A 减小到 4.13A，7 次谐波电流由 7.15A 减小到 1.81A；功率因数由 0.81 提高至 0.96；通过加装 SSTS，在发生电压暂降时，SSTS 可将故障供电线路快速切换至正常供电线路，避免用户因电压暂降造成经济损失。

二、问题分析

该电力用户生产线配置有大量的非线性和无功冲击性设备，其中锡槽、熔

窑生产线为生产核心工艺，主要负荷为可控硅整流设备，导致用户配电系统无功波动大，功率因数低至 0.81，同时存在 5、7 次等特征谐波电流。通过对该用户的电能质量进行测试，得出谐波电流值见表 7-1-1。

表 7-1-1 该用户谐波电流值 单位：A

参数	A 相最大	A 相 95%值	B 相最大	B 相 95%值	C 相最大	C 相 95%值
基波电流	249.64	210.24	261.28	219.44	256.25	216.70
H02	0.95	0.83	0.83	0.76	0.77	0.66
H03	4.99	3.64	4.27	3.64	4.13	3.47
H05	12.73	11.14	12.13	11.14	12.61	11.43
H07	8.33	7.15	6.78	7.15	7.69	7.07
H11	4.99	4.31	4.72	4.31	5.26	4.45
H13	2.94	2.22	2.28	2.22	3.01	2.25
H17	1.37	1.13	1.16	1.13	1.21	1.01
H19	1.13	0.74	0.81	0.74	1.55	1.00
H23	1.68	0.89	0.89	0.63	1.75	0.91
H25	1.50	0.91	0.91	0.95	1.59	0.98

（表格左侧纵栏标注：2～25 次谐波电流含有量）

该电力用户还配置有可编程逻辑控制器、数据收集与监控的计算机系统，以及冷却风扇、传动带、切割机、厂内电路控制的接触器等电压暂降敏感设备，对供电质量有较高要求。

综合用户设备特性以及对电能质量较高需求，需要统筹考虑谐波及无功动态补偿、电压暂降等多种电能质量问题，进行综合治理。

三、技术方案

根据负荷对电能质量的敏感度对园区负荷进行供电电能等级划分，分基本供电服务级、附加供电服务级和优质供电服务级三级。其中，气体生产线对电能质量没有特殊要求，供电服务等级为基本供电服务级；浮法整条生产线对供电的电压中断和电压暂降有要求，供电服务等级为附加供电服务级；低辐射镀膜玻璃生产线中包括锡槽和熔窑生产线，这两部分为生产核心工艺，主要负荷是可控硅整流设备，对系统有无功和谐波冲击，且对电压暂降和短时中断敏感，供电服务为优质供电服务级。此外，锡槽底壳冷却风扇要求在锡槽冷却后才能断电，在系统双路电源故障后，仍需保证对其继续供电。

针对此类问题，考虑以下三种方案：

（1）使用 SSTS 装置，SSTS 由两路独立电源供电，当其中一路电源发生电压暂降时，SSTS 可以将故障供电线路快速切换至另一路正常供电线路，可用于满足用户的连续生产、供电不间断需求；

（2）使用 D-STATCOM 装置，用于满足电动机、整流设备、风机、空气压缩机等非线性或无功冲击设备的无功补偿需求；

（3）使用 UPQC 装置，用来补偿谐波和无功波动，可用于满足电加热类设备的电压暂降治理和无功补偿需求。

本案例采用 SSTS+D-STATCOM+UPQC 的电能质量综合治理，实现对该用户的电能质量分级治理。优质电力园区治理装置布局图如图 7-1-1 所示。

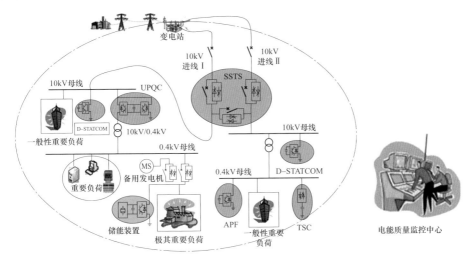

图 7-1-1　优质电力园区治理装置布局图

具体方案如下：

(1)通过在总配电室进线处配置一台中压 SSTS，实现主备电源的快速切换，以提高附加供电服务级的供电可靠性，SSTS 装置主接线示意图如图 7-1-2 所示。

SSTS 正常运行时的状态为旁路开关 PS1 和 PS2 闭合，母联旁路 PS3 断开状态，晶闸管不触发，每个电源只给本侧的负载供电。当需要进行切换操作时，如 10kV 进线 I 发生故障，而 10kV 进线 II 正常时，打开旁路开关 PS1，同时触发其并联的晶闸管 TS1，电流则快速转移到晶闸管 TS1 阀上。随后停止触发晶闸管阀 TS1，等待晶闸管阀 TS1 上电流过零点后自然关断。之后同时触发母线上的晶闸管阀 TS3，稳定后闭合母联上的快速机械开关 PS3，待其闭合后，则停止触发晶闸管 TS3，完成电源切换。

（2）在总配电室 10kV I 段母线馈线上配置一台 UPQC，实现对干扰源线路的谐波、无功、电压暂降等问题进行综合补偿。UPQC 装置主接线图如图 7−1−3 所示。

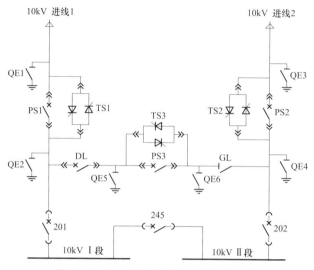

图 7−1−2　SSTS 装置主接线示意图

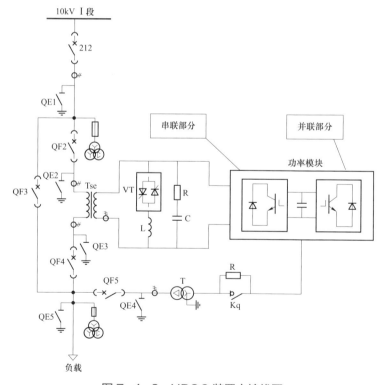

图 7−1−3　UPQC 装置主接线图

UPQC 由串联和并联两部分变流器组成，两者通过直流母线连接。串联部分通过三个单相隔离变压器与交流系统串联，并联部分则直接与交流系统并联。工作时，并联变流器接于负荷侧，主要用于补偿谐波、无功电流和不平衡电流，同时维持两个变流器之间的直流电压恒定；串联变流器接于系统侧，具有维持公共连接点处电压幅值、抑制电压波动和补偿电压谐波等功能。

（3）在总配电室 10kV Ⅰ段母线上配置一台 D–STATCOM，实现对附加供电服务级的无功冲击治理。

四、工程情况

该电力用户建有 1 座总配电室和 3 座分配电室。其中，总配电室主要供电设备有降压变压器、备用柴油发电机组和 UPS，主要用电设备为熔窑，此外还向离线镀膜站供电。1 号配电室主要供电对象为锡槽，2 号配电室主要供电对象为成品库和退火窑，3 号配电室主要供电对象为配料。治理装置接入后用户供电系统接线示意图如图 7-1-4 所示。

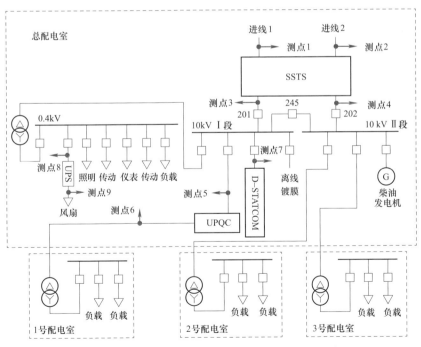

图 7-1-4　治理装置接入后用户供电系统接线示意图

SSTS、D-STATCOM、UPQC 三类电能质量治理装置主要技术参数见表 7-1-2。

表 7-1-2 电能质量治理装置主要技术参数

治理装置	主要技术参数
SSTS	（1）额定电压为 10kV； （2）额定电流为 1250A； （3）切换时间不大于 20ms； （4）三单元拓扑结构； （5）具备自动回切功能； （6）具备防环流功能
D-STATCOM	（1）额定电压为 10kV； （2）额定容量为 2MVA； （3）全响应时间小于 10ms； （4）1.1 倍连续过载能力
UPQC	（1）额定电压为 10kV； （2）额定容量为 1MVA； （3）1.1 倍连续过载能力； （4）阶跃响应时间小于 10ms； （5）补偿电压不小于 50%额定电压； （6）补偿谐波电流次数不小于 13 次

五、工程应用效果

2015 年 6 月，为测试电能质量治理装置投运后的治理效果，分别在 SSTS 两路进线处和两路出线处、UPQC 进线处和出线处、UPS 进线处和出线处、D-STATCOM 进线处设置电能质量监测点，测试结果如下：

1. 谐波、功率因数治理效果

根据 10kV I 段进线（201 开关）处 24h 的监测数据，电能质量治理设备未投入运行和投入运行两种工况下的谐波电流频谱如图 7-1-5 所示。电能质量治理设备投运后主要次谐波电流值见表 7-1-3，从表中可以看出主要次谐波电流均得到了改善。其中 5 次谐波电流发生量由 11.14A 减小到 4.13A，7 次谐波电流由 7.15A 减小到 1.81A。

同时，治理设备投运后，功率因数由 0.81 提高至 0.96，功率因数得到显著提高。

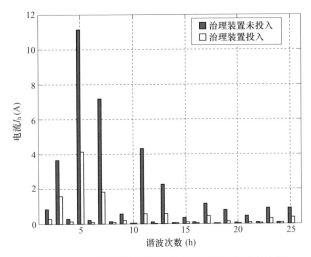

图7-1-5　治理设备投运前后谐波电流对比分析

表7-1-3　　　　　治理设备投运后主要次谐波电流值　　　　　单位：A

参数		A相最大	A相95%值	B相最大	B相95%值	C相最大	C相95%值
基波电流		249.64	210.24	261.28	219.44	256.25	216.70
2～25次谐波电流含有量	H02	0.77	0.27	0.89	0.36	0.91	0.29
	H03	1.81	1.57	2.27	2.04	1.29	1.13
	H05	4.72	4.13	4.96	4.44	5.03	4.45
	H07	2.03	1.81	1.90	1.60	1.98	1.63
	H11	0.86	0.57	1.07	0.76	0.91	0.60
	H13	0.70	0.57	0.73	0.53	0.90	0.61
	H17	0.56	0.43	0.58	0.42	0.58	0.45
	H19	0.18	0.12	0.18	0.12	0.19	0.12
	H23	0.64	0.29	0.57	0.28	0.58	0.29
	H25	0.67	0.36	0.56	0.28	0.59	0.29

2. 电压暂降、短时中断治理效果

SSTS投运后，断开进线2电源出线断路器，进线2电源失压，SSTS自动检测出故障并从进线2切换到进线1供电，SSTS切换过程图如图7-1-6所示。SSTS切换时间为从电源电压发生异常到负荷转移到备用电源的时间，约为15.2ms。

闭合进线2电源出线断路器，进线2电源电压恢复正常，SSTS自动检测出电源正常，延迟一段时间后回切到进线2供电，SSTS回切过程图如图7-1-7所示，切换时间约为9.2ms。

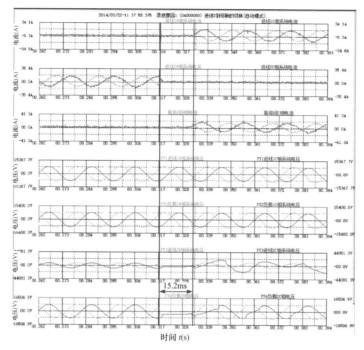

图 7-1-6　SSTS 切换过程图

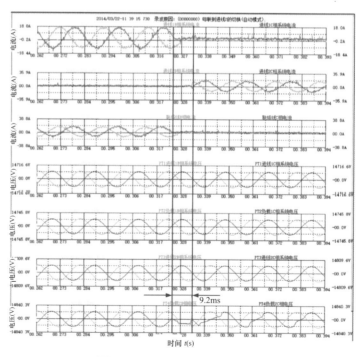

图 7-1-7　SSTS 回切过程图

　　该电力用户月均发生 1.5 次电压暂降，SSTS 投运一年多，有效地防治了电压暂降与短时中断产生的问题，为用户提供了可靠的供电保障。SSTS 和 D-STATCOM 现场布置图如图 7-1-8 所示，UPQC 现场布置图如图 7-1-9 所示。

图 7-1-8　SSTS 和 D-STATCOM 现场布置图

图 7-1-9　UPQC 现场布置图

六、技术适用场景

　　本案例采用的综合治理技术，适用于存在不同用电特性负荷，需要针对不同供电质量需求的负荷开展分级供电的优质电力园区。单一性质负荷也可以结合自身需求选择其中的某一类设备进行治理。

[案例 7-2] 北京某重要用户电压暂降防治

治理对象：重要敏感用户
治理问题：电压暂降与短时中断等
治理技术：快速切换
治理设备：固态切换开关（SSTS）
应用时间：2018 年 8 月

一、案例简介

北京某开闭站带有特级用户，该类用户有大量钠灯、金属卤化灯、交流接触器等对电压暂降敏感的重要用电设备。当电压暂降发生时，敏感用电设备会发生短时失电导致照明灯熄灭、设备停运等异常运行状态，造成负面的社会影响。

通过加装固态切换开关 SSTS，使敏感设备具有两路电源供电。SSTS 的切换时间与负载类型、参数以及特征有关，本次案例中根据现场负载类型，定制了针对其负载特性有良好切换性能的 SSTS，当主电源发生电压暂降，可快速切换至备用电源，切换时间在 10ms 以内，从而为敏感设备提供连续可靠供电，保证其正常运行。

二、问题分析

电压暂降是目前北京等特大型城市最常见的电能质量问题。北京地区重要用户众多，对供电可靠性要求较高，因此常采用两路电源或多路电源供电。为了实现不间断供电，传统方法是安装备用电源自动投入装置（简称备自投）。当主供电源发生故障时，备自投自动进行切换，将用户切换至备用电源。这类备自投装置大多为机械式切换开关，切换时间长，至少需要 100～200ms（5～10 周波）才能完成切换，且易引起暂态问题，无法做到无缝切换，即无法实现不间断供电。同时，机械开关在接通或断开时，会发生触头振动、起弧现象，导致电磁干扰和触头蚀损，不仅限制了使用范围，也使得其电气寿命低于机械寿命。

现代电网中的敏感负荷，通常要求在几十毫秒甚至 20ms 内完成电源切换，如果采用普通机械开关是无法实现的。根据现场调研以及实测情况，该用户内的常见敏感设备对电压暂降的耐受特性见表 7-2-1。

表 7-2-1　　　　　　敏感设备对电压暂降的耐受特性

设备名称	耐受特性
钠灯	电压跌落至 70%，持续时间小于 11ms 灯不会熄灭，但可肉眼察觉闪动。熄灭后约 20s 开始启辉，约 3.5min 才可恢复正常照明
金属卤化灯	电压跌落至 40%，持续时间小于 12ms 灯不会熄灭，但可肉眼察觉闪动。熄灭后冷却时间长，8～10min 后才可恢复正常照明
台式计算机	电压跌落至 50% 及以下 124ms 自动重启
交流接触器	电压低于 50% 持续时间超过一个周波，接触器就会脱扣；有时电压低于 70%，接触器就会脱扣
可编程控制器	当电压低于 90% 持续几个周波，I/O 设备切除；低于 81% 时可编程控制器停止工作

SSTS 有效解决了传统机械开关的固有问题，提高了切换速度和开关的使用寿命，可满足敏感和关键负荷对供电可靠性和电能质量的更高要求。

三、技术方案

针对此类电压暂降问题，可以在以下三种方案中进行选择：

（1）使用 UPS。将 UPS 串入系统和负荷之间，当系统发生电压暂降时，UPS 可以为负荷提供不间断供电，但需要配置大容量电池，且占地面积大。

（2）使用自动转换开关装置。当主路电源发生暂降事件时，可切换至备用电源供电，自动转换开关装置切换时间为秒级，切换时间较长。

（3）使用 SSTS。SSTS 在主备电源间的切换时间为毫秒级，且占地面积小。

因此，为满足此开闭站所带重要负荷的不间断供电，提高其防御电压暂降的能力，选择在开闭站内配置 SSTS 的方案进行电压暂降防治。

SSTS 一般由晶闸管等固态电力电子器件构成，是一种无触点及灭弧装置的开关。它利用电力电子器件的开通和关断特性，可实现负载在两路电源间的切换，切换速度可达几毫秒，额定电流范围可以从几十安到 1kA 以上。

四、工程情况

该开闭站所带负荷约为 202kW，其电气主接线图如图 7-2-1 所示，SSTS 现场安装图如图 7-2-2 所示。该开闭站有 4 条 10kV 进线，输出端接 3 个重要负荷和 2 个非重要负荷。其中，2 路 10kV 进线接 SSTS 开关输入端，输出端接重要负荷一与重要负荷二，重要负荷三和 2 个非重要负荷未经过 SSTS 开关。

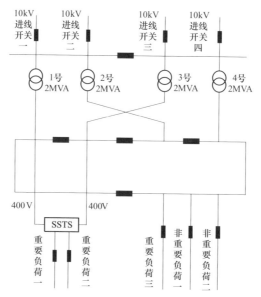

图 7-2-1 开闭站电气主接线图

（a）

图 7-2-2 SSTS 现场安装图（一）

（a）单台 SSTS

（b）

图 7-2-2　SSTS 现场安装图（二）

（b）12 台 SSTS

该开闭站内配置 12 台 SSTS，其额定电压为 400V，额定电流 600A。设置允许两路电源间的相位差为 15°，可闻噪声水平低于 60dB。该开闭站 SSTS 的设置条件见表 7-2-2，其中电压偏差 ±10% 是额定电压的上限和下限，当电压低于下限电压或高于上限电压时，SSTS 由主电源自动切换至备电源；频率偏差 ±5% 是额定频率的上限和下限，当频率低于下限频率或高于上限频率时，SSTS 由主电源自动切换至备电源。

表 7-2-2　　　　　　　　　该开闭站 SSTS 设置条件

项　　目	参　　数
相位差（°）	15
额定电压（V）	400
电压偏差（%）	±10
额定频率（Hz）	50
频率偏差（%）	±5
主用电源恢复正常后是否自动切回主用电源	是

五、工程应用效果

为测试工程应用效果，开展 SSTS 切换时间测试试验，测试内容及结果具体如下。

SSTS 切换时间测试试验接线原理示意图如图 7-2-3 所示。

图 7-2-3　SSTS 切换时间测试试验接线原理示意图

负荷有功功率为 6kW，两路电源相位差约为 14.6°，Ⅱ 路电源作为主供电源，Ⅰ 路电源作为备用电源。断开 Ⅱ 路电源，测试 SSTS 两路电源间切换的性能。

测试结果表明，SSTS 可实现两路电源的切换，切换时间约 8.1ms，试验数据统计见表 7-2-3，测试切换时间试验时 Ⅱ 路电压与输出电压波形图如图 7-2-4 所示。

表 7-2-3　　　　　　　　　切换时间测试试验数据记录

相别	Ⅰ路电压	Ⅱ路电压	相位差	输出电流	切换时间
A 相	231.50V	230.81V		8.6A	8.1ms
B 相	231.43V	231.11V	14.6°	8.6A	8.1ms
C 相	231.14V	230.99V		8.6A	8.1ms

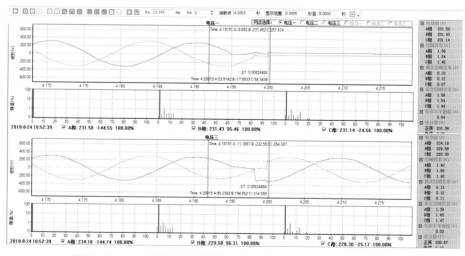

图 7-2-4　测试切换时间试验时 Ⅱ 路电压与输出电压波形图

六、技术适用场景

本案例应用时应考虑,应用场合应具有两路电源供电,两路电源相互独立,具备良好的同步性(相位差一般小于 15°),且备用电源具备足够容量。目前国网北京市电力公司应用 SSTS 的案例较多,为北京核心区部分重要党政机关提供可靠电力保障,取得了良好效果。国网北京市电力公司应用 SSTS,多数以一路 UPS、一路市电或两路 UPS 作为电源,目的是实现 UPS 容量冗余和更高的供电可靠性,动态切换时间在 10ms 以内,为敏感设备提供连续可靠供电,保证其正常运行。

该技术在带有政治类重要用户的开闭站得到应用,安装便捷。装置安全运行近一年来,确保了该开闭站所供重要用户的可靠运行,为敏感用户的电压暂降防治提供了有效的技术手段,在优质电力园区、智能配电网、重要敏感用户侧具有广泛的应用前景和推广价值。

 [案例 7-3] 湖北某 IT 产业园区电压暂降防治

治理对象:变频器、可编程逻辑控制器、交流接触器等敏感设备
治理问题:电压暂降
治理技术:动态电压支撑及其他
治理设备:并联型动态电压调节器、线圈类负载电压暂降保护器
应用时间:2018 年 1 月

一、案例简介

某园区主要从事手机、平板电脑的自动化组装,生产线拥有大量变频设备、可编程逻辑控制器、机器手臂等敏感设备。2016 年,该园区发生多起因电压暂降问题造成的生产线突然宕机事件。

在该园区对电压暂降耐受能力较弱的关键部位加装并联型动态电压调节器和交流接触器延时设备后,2018 年 2~6 月共监测到 4 次电压暂降,治理设备均在 5ms 内完成切换,负荷电压得到了有效支撑,避免了生产线各类设备宕机,治理效果明显。

二、问题分析

该园区 380V 配电变压器共 8 台,1、2 号变压器提供空调动力,3、4 号变

压器提供制程动力，5、6 号变压器提供厂房照明、插座及一般动力，7、8 号变压器提供办公客服照明和部分动力。园区主要负荷有空调设备、空气压缩机房设备和生产线设备，生产线设备中有大量敏感设备。主要用电设备分类及电压暂降对其影响情况统计见表 7-3-1。

表 7-3-1　主要用电设备分类及电压暂降对其影响情况统计表

设备名称	台数（台）	总负荷容量（kW）	主要内部设备	电压暂降影响分析	对电压暂降是否敏感
一、空调设备					
组合式空调箱	41	902	表冷器，离心风机	空气温度变化是一个缓慢的过程，短时间断电对室内温度影响可忽略	否
离心式冷水机组	3	1650	电动机、冷凝器、蒸发器		
二、空气压缩机房设备					
空气压缩机	4	1000	电动机、进气滤器、冷却器、干燥塔、油气分离机、滑油冷却系统、安全保护系统、控制系统、现场仪表	空气压缩机向生产线提供气压支持，其电动机、控制系统受到电压暂降影响较大	是
冷冻式干燥机	4	30.04	制冷压缩机、冷凝器、蒸发器、热力膨胀阀	干燥机内气体的干燥程度变化需要一定的时间，短时间内停电对其影响较小	否
工艺冷却水泵	4	88	电动机、轴承、转子		
制氮机	5	5	氮气工艺罐、流量计、电控部分	生产线需要制氮机源源不断地提供氮气支持，其电控部分和计量部分受电压暂降影响较大	是
三、生产线设备					
上板机	28	8.4	控制面板、机升降台、伺服电机、可编程逻辑控制器、推杆气缸		
吸板机	28	8.4	吸盘组、控制面板、伺服电机、可编程逻辑控制器、推杆气缸	可编程逻辑控制器的内部程序有一定顺序，一旦打断会导致设备运行混乱，伺服电机受到电压暂降影响将导致不受控制系统控制（以下设备均有此问题）	是
印刷机	28	67.2	控制面板、伺服电机、可编程逻辑控制器、推杆气缸		
双轨轨道	171	51.3	控制面板、伺服电机、可编程逻辑控制器、推杆气缸、机升降台		
贴片机	81	202.5	视觉系统、刮刀模组、控制面板、印制电路板传送轨道、纠偏定位平台、伺服电机	视觉系统中测量模块停止工作会导致控制模块无法进行下一步操作或进行错误操作，使印制电路板报废或堆积在设备内部	是

续表

设备名称	台数	总负荷容量（kW）	主要内部设备	电压暂降影响分析	对电压暂降是否敏感
翻板机	28	8.4	视觉系统、控制面板、可编程逻辑控制器、印制电路板传送轨道、伺服电机	视觉系统中测量模块停止工作会导致控制模块无法进行下一步操作或进行错误操作，使印制电路板报废或堆积在设备内部	是
收板机	28	8.4	温度控制模块、加热模块、冷却模块、控制面板、伺服电机、可编程逻辑控制器、印制电路板传送轨道	温度控制模块失效，回流炉内温度不能达到要求，导致印制电路板焊接不实或直接烧毁	是
回流炉	28	2912	激光器、分析软件、PCB传送轨道、控制面板、伺服电机、PLC控制系统、推杆气缸	检测系统无法工作会导致无法检测出 PCB 板是否合格，可能会向 NG BUFFER 发出错误指令甚至不发出指令，导致 NG BUFFER 无法正常工作	是

对主要用电设备进行梳理后发现，空气压缩机、制氮机以及各类生产线设备受电压暂降影响较大，需重点关注。

三、技术方案

为了最大限度减小电压暂降对敏感设备的影响，综合采取以下三方面防治措施：

1. 调整敏感负荷，便于集中治理

该厂区敏感设备类型较多，分布在不同的供电母线下，为便于开展集中治理，需对敏感负荷供电母线做调整。将 1800kVA 重要敏感负载集中调整到 3 号变压器供电母线，调整后的一次接线图如图 7 - 3 - 1 所示，虚线框内为其他供电母线下零散的小容量敏感设备，调整后集中在 3 号变压器供电母线下，再分不同的位置安装多台并联型动态电压调节器。

2. 针对接触器加装线圈类负载电压暂降保护器

电磁式交流接触器是一种用来接通或分断带负载的交流控制电器。在厂用交流电网发生电压暂降时，若电压低于接触器线圈的释放电压，则接触器的主触头将会释放，造成所带负载停机，带来经济损失。因此，为了防止接触器线圈在发生电压暂降时释放，可加装一种接触器低电压穿越保护装置——线圈类负载电压暂降保护器。该装置针对接触器线圈保持容量小（一般在 70VA 以内）的特点设计，单独给接触器线圈供电，装置自带小容量储能电源，在电压暂降发生期间可保持接触器线圈电压稳定，接触器触头不脱扣。该方案投资小，效果明显。

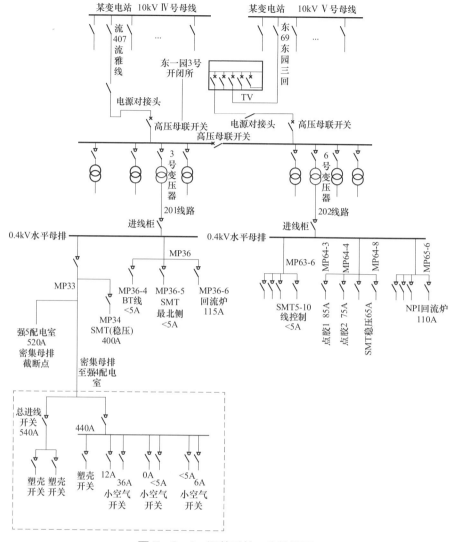

图 7-3-1 调整后的一次接线图

3. 针对重要敏感负荷加装并联型动态电压调节器

针对重要敏感负荷，采用并联型动态电压调节器防治电压暂降。并联型动态电压调节器采用快速切换开关和并联储能系统（电池＋DC/AC）相结合的拓扑结构，拓扑结构如图7-3-2所示。正常运行时，快速切换开关处于闭合状态，由电网系统给敏感负荷供电，储能系统处于恒压浮充状态；当动态电压调节器检测到电网电压下降过低或中断时，快速开关切换到断开状态，储能系统为敏感负荷可靠供电。实际的供电支撑时间取决于负载的大小以及储能单元的容量大小。

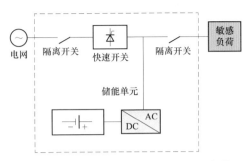

图7-3-2　并联型动态电压调节器拓扑

　　并联型动态电压调节器的优点是电压暂降或短时中断时均可以为敏感负荷可靠供电，且因其补偿时快速开关断开与电网的不耦合，切换时间可以做到5ms以内，效率高，维护费用低。

四、工程情况

　　2018年2月，在400V电压等级自动化生产设备所用的接触器上加装线圈类负载电压暂降保护器共计30套，主要电气参数及技术指标见表7-3-2。

表7-3-2　线圈类负载电压暂降保护器主要电气参数及技术指标

名　　　称		技术指标	备注
输入电源	输入电源	AC 220V/AC 380V	
保护项目	输入欠电压	≤AC 55V	立即保护
	过温保护	75℃	立即保护
参数设定	输出电流设定	0~5A	
体积重量	最大外形（mm）	69（宽）×113（长）×44（高）	
	重量	<500g	

　　根据厂区配电房安装位置大小，以及瞬时需要注入电流大小的需求，在该厂3号配电变压器、6号配电变压器、强4配电室母排处安装超级电容型动态电压调节器1套，蓄电池型动态电压调节器5套，储能容量均按60s补偿时间设计。该补偿时间主要是和柴油发电机启动时间配合，考虑一定冗余，因此设计时间为60s。

　　（1）安装300kVA超级电容器型动态电压调节器1套。具有良好的动态特性，能在5ms内对电压暂降进行有效补偿，典型切换时间2ms左右，占地面积小，瞬时注入电流大，后期免维护，整机效率在99%以上。

　　（2）安装蓄电池型动态电压调节器5套（300kVA容量1套、400kVA容量

3 套、500kVA 容量 1 套）。切换时间 2ms 左右，但需定期进行充放电，后期维护工作量大，损耗约 1.5%。

并联型动态电压调节器安装一次接线图如图 7-3-3 所示，现场设备图如图 7-3-4 所示。

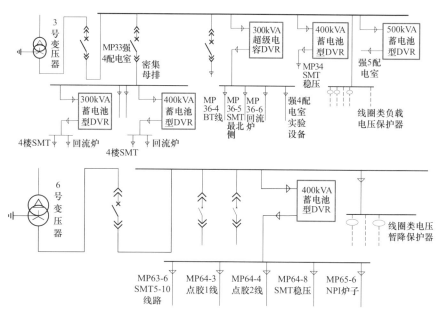

图 7-3-3　并联型动态电压调节器安装一次接线图

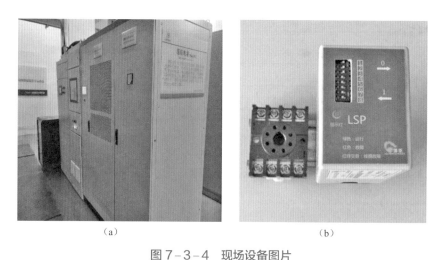

（a）　　　　　　　　　　　　（b）

图 7-3-4　现场设备图片

（a）并联型动态电压调节器；（b）线圈类负载电压暂降保护器

五、工程应用效果

1. 治理效果

治理设备安装完成后，在 2018 年 2～6 月期间，该园区电压暂降记录数据见表 7－3－3，共发生 4 次电压暂降。

表 7－3－3   电 压 暂 降 记 录 数 据

序号	暂降发生时间	相序	暂降残余值（%）
1	2018－02－26　15:38:28.367	B 相	46.1
2	2018－04－03　00:17:00.528	A、B、C 相	81.8
3	2018－05－30　10:05:44.318	C 相	70.9
4	2018－06－16　17:44:30.541	C 相	58.18

图 7－3－5 和图 7－3－6 是 2018 年 2 月 26 日和 6 月 16 日两次暂降较为严重的设备前级供电电压波形和治理后负荷侧电压波形。

通过图 7－3－5 和图 7－3－6 可以看出，电压暂降治理效果明显，并且治理设备安装完成后的 2018 年 2～6 月之间发生的 4 次电压暂降均在 5ms 内得到了有效支撑，避免了生产设备停机。

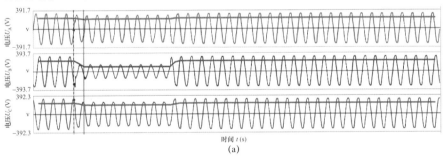

(a)

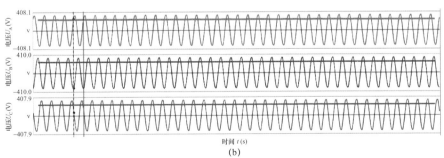

(b)

图 7－3－5   2018 年 2 月 26 日电压暂降治理效果波形图

（a）设备治理前级供电电压波形；（b）设备治理后级负荷侧电压波形

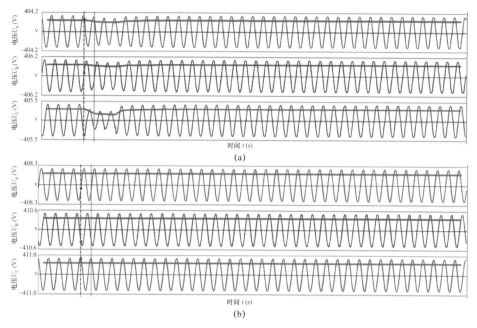

图 7-3-6   2018 年 6 月 16 电压暂降治理效果波形图

（a）设备治理前级供电电压波形；（b）设备治理后级负荷侧电压波形

2. 效益分析

治理设备投资汇总表见表 7-3-4。

表 7-3-4   治理设备投资汇总表

序号	方案内容	费用构成	总价（万元）
1	加装线圈类负载电压暂降保护器	按需装设 30 套，工程安装费	28.8
2	并联型动态电压调节器	300kVA 超级电容型动态电压调节器 1 套，蓄电池型动态电压调节器 5 套，总容量 2300kVA，工程安装费	570
3	敏感负荷调整	新增电缆及安装费 30 万	30
小计			628.8

本案例在敏感用户电压暂降耐受能力较弱的关键部位（交流接触器、变频器、可编程逻辑控制器）加装线圈类负载电压暂降保护器、超级电容器型动态电压调节器和蓄电池型动态电压调节器，显著提高了用户防御电压暂降的能力，动态切换时间小于 5ms。在 2018 年 2～6 月期间，共监测到 4 次电压暂降，均未发生设备停机。按照该园区估算的每次电压暂降造成的经济损失约 300 万元计算，已经避免了 1200 万元的经济损失，经济效益和社会效益明显。该方案为企业高质量用电提供了良好的解决方案。

六、技术适用场景

该技术在工程应用中，应详细了解用户的生产工艺流程、用电设备的功能和原理，梳理出敏感设备和一般用电设备。治理措施方面，一方面可调整敏感设备的供电母线，便于集中治理；另一方面可综合考虑投资成本、治理设备安装空间、可靠性、补偿时间、后期维护成本等因素，制订合理的电压暂降防治方案。

该技术适用于 380V 电压等级、各种敏感重要设备电压暂降防治，效果显著，在芯片制造、半导体加工、光纤制造、纺织等行业具有广泛的应用。

 ［案例 7-4］四川某特种材料制造用户电压暂降防治

治理对象：变频器等敏感设备
治理问题：电压暂降
治理技术：动态电压支撑及其他
治理设备：并联型动态电压调节器
应用时间：2018 年 8 月

一、案例简介

某手机膜类产品生产厂家，发生因电压暂降事件导致的厂区内 400V 变频器低压保护及接触器动作引起的故障停车事件。因是联动生产线，事件引起整条生产线停运。

在该厂区 1 号配电变压器 400V 侧加装并联型动态电压调节器后，根据现场电压暂降监测仪的监测数据和事件记录信息统计，试运行半年期间，系统侧共发生 7 次电压暂降事件，而负荷侧电压未记录到电压暂降信息。并联型动态电压调节器成功完成 7 次电压暂降补偿，动态切换时间小于 2ms，有效减少了因电压暂降造成的生产损失。

二、问题分析

根据该厂区 10kV 母线电压暂降监测仪统计结果，安装并联型动态电压调节器之前，在 2018 年 1～7 月，10kV 母线共发生 9 次电压暂降事件。

图 7-4-1 所示为该厂区 10kV 电压暂降情况同半导体设备与材料的国际性组织电压瞬降测试（SEMI F47）曲线上的对照关系图。由图可知，超过 SEMI F47 耐受曲线的电压暂降共计 5 次，均达到该用户变频器低压保护动作值，引

起变频器报警故障停车，整条生产线停运，导致材料及产品报废，损失严重。

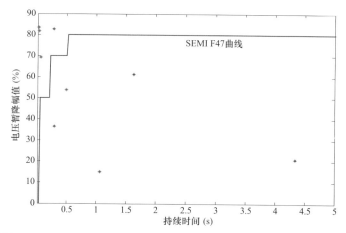

图 7-4-1 10kV 电压暂降情况与 SEMI F47 曲线的对照关系图

三、技术方案

为提升该敏感用户电压暂降耐受水平，减少用户因电压暂降引起的经济损失，有必要在用户侧采取电压暂降防治措施。根据现阶段电压暂降防治技术现状及该用户的具体情况，对如下方案进行对比分析：

（1）安装固态切换开关，可在 10ms 内完成主备电源之间的快速切换，但该用户不具备互为热备用的两路独立电源系统的支持，尚不具备固态切换开关工作的基本条件；

（2）采用串联型动态电压恢复器，串联接在系统与负荷之间，可在毫秒级内实现电压暂降补偿，但由于串联型动态电压恢复器存在一个串联变压器，受该用户场地限制，尚不具备接入串联型动态电压恢复器的条件；

（3）采用不间断电源和电池储能系统，需要配置费用高昂的大容量电池系统，针对较长持续时间的电压暂降问题，整体造价昂贵。

综合上述因素，提出采用并联型动态电压调节器对该用户部分敏感部件进行电压暂降防治。该装置兼顾不间断电源和串联型动态电压调节器的技术特点，依靠在电流源和电压源模式之间的快速切换和运行，切换时间小于 2ms，能够确保被保护敏感设备的正常运行。

1. 并联型动态电压调节器组成及功能

并联型动态电压调节器系统结构图如图 7-4-2 所示，该装置由快速切换开关、储能元件、电压源变流器和 LC 滤波器四部分组成。并联型动态电压调节器采用三相三线制结构，通过快速切换开关与该用户 1 号配电变压器 400V

侧连接于 A 点，通过 LC 滤波器与负荷（即变频器）连接于 B 点。

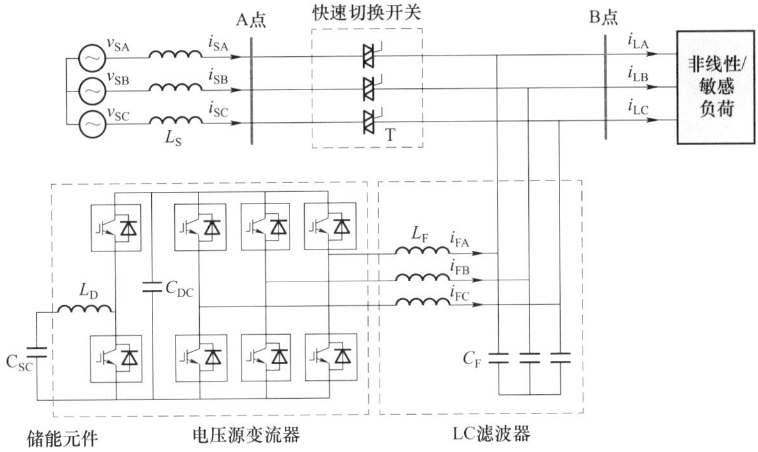

图 7-4-2　并联型动态电压调节器系统结构图

快速切换开关采用双向晶闸管，当检测到系统电压发生跌落时，通过控制 B 点电压使双向晶闸管快速关断，快速实现敏感负荷与电网隔离；储能元件采用超级电容，能在短时间内给负荷提供较大功率而不致影响寿命；电压源变流器采用"DC/DC＋逆变器"双级结构，前级 DC/DC 变换器起到升压和稳定逆变器直流侧电压的作用，三相三线逆变器可输出三相正弦交流电，在并网模式下可针对负荷引起系统侧功率因数偏低、谐波电流超标的情况进行无功和谐波补偿，在孤岛模式下为负荷提供三相正弦电压，确保负荷的正常供电。

2. 并联型动态电压调节器控制策略

并联型动态电压调节器共有四种控制模式，分别为电能质量治理模式、孤岛模式、无缝切入模式和柔性退出模式。各模式运行及相互切换关系如图 7-4-3 所示。

电能质量治理模式下，负荷由系统侧供电，并联型动态电压调节器根据电能质量治理目标进行电流补偿，同时对储能元件充电；孤岛模式下，负荷与系统侧隔离，进入电压暂降补偿模式，并联型动态电压调节器为负荷提供稳定优质的电能；无缝切入模式下，并联型动态电压调节器检测到电压暂降事件，强迫关断双向晶闸管，并确保引起的暂态电压波动的幅度和持续时间足够小，使其对敏感负荷的影响可忽略不计；柔性退出模式下，检测到系统侧电压恢复正常后，当动态电压调节器输出电压与电网侧电压匹配后触发导通晶闸管。

该装置能实现毫秒级从电能质量治理模式切换至孤岛模式，实现电压暂降、短时中断的快速补偿，确保敏感负荷的正常运行。

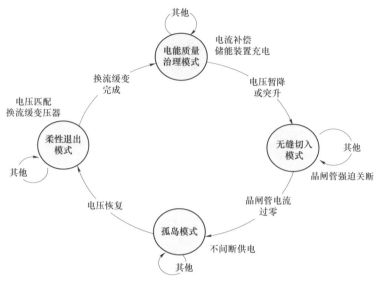

图 7-4-3　各运行模式及切换关系图

四、工程情况

2018 年 8 月，经过 1 个月改造，在该用户低压配电房 1 号配电变压器 400V 出线侧安装一套并联型动态电压调节器，占地约 4m²，如图 7-4-4 所示。并联型动态电压调节器额定容量为 100kVA，直流母线额定电压为 750V，设备电力电子开关频率为 12.8kHz，无缝切入时间小于 2ms。该并联型动态电压调节器电气参数见表 7-4-1，性能参数见表 7-4-2。

（a）　　　　　　　　　　　　　　　　（b）

图 7-4-4　并联型动态电压调节器

（a）现场安装图；（b）内部图

表 7-4-1　　　　　　　并联型动态电压调节器电气参数

项目	参数	项目	参数
额定线电压 U	380V	电源侧电抗 L_S	0.15mH
额定容量 S	100kVA	滤波电抗 L_F	0.40mH
直流母线电压 U_{dc}	750V	滤波电容 C_F	60μF
开关频率 f	12.8kHz	无源阻尼 R	0.8Ω

表 7-4-2　　　　　　　并联型动态电压调节器的性能参数

项目	参数	项目	参数
额定功率下的波峰系数	2	短路电流	额定电流120%
额定功率下自放电周期	1s	谐波补偿范围	3～25 次
无缝切入时间	<2ms	运行效率	待机模式>98.5%，电能质量治理模式>96%
过载能力	110%，持续30s		

五、工程应用效果

考虑到现场电压暂降发生的不可预期性，为测试并联型动态电压调节器实际应用效果，在试运行期间，人为设置并联型动态电压调节器接入 1 号配电变压器 400V 侧的开关完全短路，模拟最严重三相接地故障，并记录并联型动态电压调节器在整个电压暂降过程中的响应时间和电压补偿时间。测试结果具体如下：

1. 动态电压恢复过程控制效果

图 7-4-5 为动态电压恢复过程的波形图。当配电变压器 400V 侧开关断开后，并联型动态电压调节器即刻检测到系统侧电压暂降，从电能质量治理模式切换到孤岛运行模式，由并联型动态电压调节器向负载供电，负载电压过渡平稳；当系统侧电压恢复后，经过负载电压和系统电压的匹配，并联型动态电压调节器切换到电能质量治理模式，负载电压过渡平稳。

2. 电压暂降补偿效果

图 7-4-6 为发生电压暂降后并联型动态电压调节器的电压跌落补偿效果图。当系统电压发生暂降后，并联型动态电压调节器迅速控制晶闸管强迫关断，系统电流快速下降到 0A，晶闸管断开，使负荷与系统迅速隔离。从系统电压发生暂降到负荷电压恢复正常，响应时间约为 1.7ms，整个切换过程中负载电压过渡较为平稳。

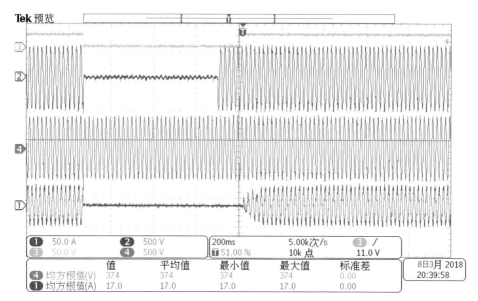

图 7-4-5　动态电压恢复过程波形图

（1 为 1 号配电变压器 400V 侧电流波形，2 为 1 号配电变压器 400V 侧电压波形，3 为切换开关控制信号，4 为负载侧电压波形）

从负载波形来看，并联型动态电压调节器的电压补偿度（按照额定线电压 380V 计算）达到 99% 以上，补偿精度小于 0.5%，装置输出电压的频率与系统电压频率之差的最大值为 0.05Hz，电压暂降补偿时间约为 510ms。

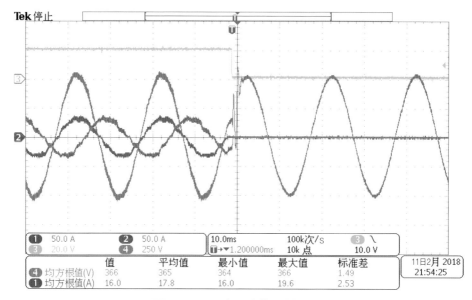

图 7-4-6　电压跌落补偿效果图

3. 平滑退出过程控制效果

图 7-4-7 和图 7-4-8 分别为并联型动态电压调节器电压匹配过程和换流缓变过程的变化曲线。当系统侧电压恢复后，负荷电压与系统电压经过 200ms 达到匹配，实现平稳过渡。结果表明，并联型动态电压调节器可在电能质量治理模式和孤岛模式间无缝切换，可实现负载电压的平滑过渡，确保敏感负荷的正常供电。

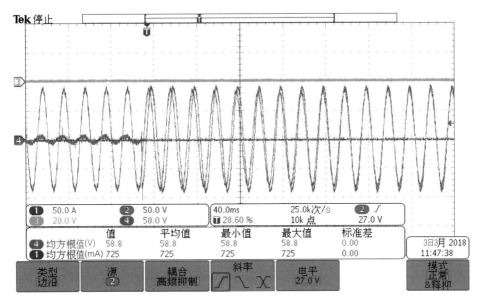

图 7-4-7　电压匹配过程变化曲线

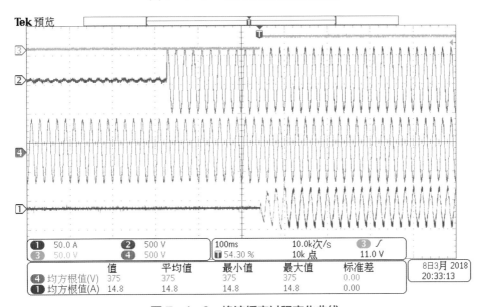

图 7-4-8　换流缓变过程变化曲线

4. 投资效益分析

目前，并联型动态电压调节器投入运行以来，成功完成多次电压暂降补偿，确保了敏感设备的正常可靠运行，有效减少因电压暂降造成的生产损失。

考虑到不同电压暂降事件对用户设备及生产造成的影响及严重程度不一致，引入表 7-4-3 所示的电压暂降事件加权因子，并结合年暂降事件发生次数，按照一次中断造成的经济损失 5 万元进行计算，投入电压暂降补偿装置后，每年可减少因电压暂降造成的损失约 36.5 万元（7.3 次 × 5 万元）。目前，按照补偿装置 1kVA 投资约 3 千元估算，100kVA 并联型动态电压调节器设备一次性投资约为 30 万元，考虑每年的运营和维护成本占总成本的 5%，则一年即可收回成本，经济效益显著。

表 7-4-3 考虑加权因子的电压暂降事件年损失成本情况

事件类型	经济性分析权重	事件次数（次/年）	总等效中断次数（次/年）
中断	1.0	2	2.0
残余电压≤50%	0.8	4	3.2
残余电压：50%~70%	0.4	4	1.6
残余电压：70%~90%	0.1	5	0.5
合计			7.3

六、技术适用场景

该技术在工程应用中，应全面梳理用户生产工艺流程功能性和结构性特点、用电特征及敏感设备的电压暂降耐受能力，对用户用电设备受电压暂降影响的重要程度进行划分。综合考虑投资成本、可靠性、补偿容量、补偿时间等因素，制定分层分级的电压暂降治理措施，提出量化的电压暂降补偿指标要求，确保用户在有效降低暂降损失的前提下，最大限度地降低投资和维护成本。

该技术适用于 380V 电压等级、各种敏感重要用户电压暂降防治，并可根据用户需求灵活选择秒级甚至分钟级的零电压支撑补偿时间，有效提升敏感用户电压暂降的耐受水平，在优质电力园区、智能配电网、微电网中具有广泛的应用前景和推广价值。

[案例 7-5] 福建某半导体制造用户电压暂降防治

治理对象：可编程逻辑控制器、变频器等敏感设备

治理问题：电压暂降

治理技术：动态电压支撑

治理设备：不间断电源（UPS）

应用时间：2018 年 1 月

一、案例简介

某半导体制造用户由 220kV 专用变压器供电，为双电源专线供电结构。目前该用户主变压器规模 2×60MVA，用电负荷约 25MW。通过电能质量在线监测数据分析及用户反馈，2017 年，该用户曾发生多起因电压暂降引起的内部重要生产设备停机事件。

通过在该用户重要生产环节的可编程逻辑控制器上加装 UPS，并对易发生雷击的线路进行防雷改造，降低了电压暂降对用户生产的影响。改造前，该用户在 2017 年期间发生了 25 次电压暂降事件，造成约 4000 万元的经济损失。改造后，2018 年发生 6 次电压暂降事件，造成约 600 万元的经济损失，减少经济损失 3400 万元，取得预期治理成效。

二、问题分析

该用户生产薄膜晶体管液晶显示器等产品，其产品主要用于车载电视、手机、平板电脑等液晶屏。薄膜晶体管液晶显示器的生产过程设备精密、工序繁多，尤其是生产工艺过程中可编程逻辑控制器在系统电压幅值跌落 50% 以上、持续时间 50ms 以上时会产生宕机。由于生产设备的保护机制，将连锁引发生产设备停机，并且在停机过程中控制系统失效将造成半导体生产工艺设备"飞车"，甚至损坏精密的生产设备。如果在生产设备停机过程中，电动机转速失控，超过设定的最高转速，还会伴随电动机过电流等问题，严重时甚至会损坏电动机内部结构。

另外，该用户厂务系统变频器在系统电压幅值跌落 25% 以上，持续时间 15ms 以上时即会发生跳闸，从而导致薄膜晶体管制作过程中断，生产线产品报废。

图 7-5-1 所示为该用户发生的电压暂降情况同半导体设备与材料的国际性组织电压瞬降测试（SEMI F47）曲线对照关系。由图可知，有 5 次电压暂降

事件进入 C 区（生产设备停机），占比 16.13%。

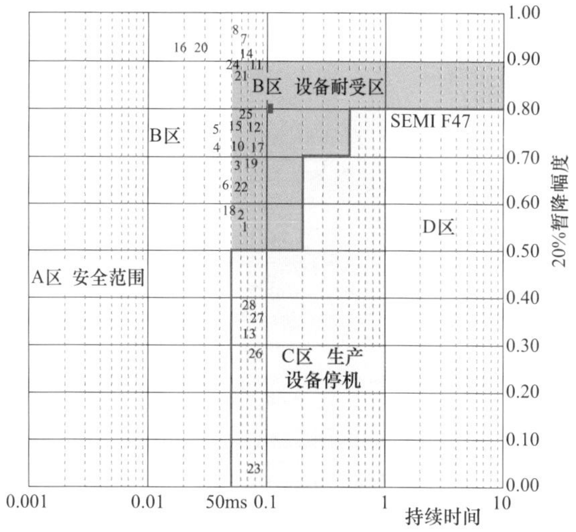

图 7-5-1 用户电压暂降事件与 SEMI F47 曲线对照关系图

三、技术方案

为解决该用户敏感设备电压暂降问题，综合考虑该用户的生产特点、电压暂降发生原因与差异化的经济技术要求，采用在用户侧加装 UPS 的技术方案。

在用户侧对厂务系统变频器定值进行相应调整，同时对重要生产工艺可编程逻辑控制器上加装在线式不间断电源。

在线式不间断电源是将蓄电池与主机相连接，通过主机逆变器等模块电路将直流电转换成交流电的系统设备。在线式不间断电源系统主要由蓄电池、AC/DC 整流器、DC/AC 逆变器、静态开关、微处理器控制中心等五部分组成。在线式不间断电源基本结构图如图 7-5-2 所示。

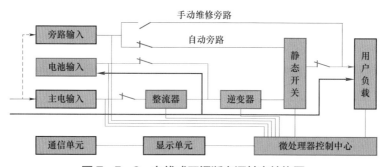

图 7-5-2 在线式不间断电源基本结构图

当市电输入正常时，UPS 相当于稳压器，将市电稳压后供应给负载使用，同时向电池充电；当市电中断（事故停电）时，UPS 立即将电池的直流电能，通过逆变器切换转换后向负载继续供应交流电，避免用户受到电压暂降影响。

针对电压暂降和短时中断的防治，UPS 的优点是响应速度快，0ms 不间断供电，持续供电达到分钟级，具有稳压的效果。

四、工程情况

在该用户生产线上的准分子激光退火设备、曝光机等重要敏感设备的可编程逻辑控制器上加装输出额定容量为 400kVA 的 UPS 系统，保证电压暂降发生期间，该精密工艺设备处于可控模式运行。表 7-5-1 为 UPS 的参数规格表，UPS 现场安装布置图如图 7-5-3 所示。UPS 接入配电变压器低压 380V 侧，示意简图如图 7-5-4 所示。

表 7-5-1 UPS 参数规格表

类型	输出额定值	400kVA
	电池电压	DC 480V
	电池电压范围	DC 420~612V
	功能	充放电功能
	直流冷启动	0~100%，3~5s
交流输入	市电输入电压	AC 380V/400V/415V
	电压范围	±25%
	额定频率	47.5~52.5Hz
	功率因数	≥0.99
	电流谐波总畸变率	≤3%
旁路	旁路输入电压	AC 380V/400V/415V
	旁路输入频率	47.5~52.5Hz
交流输出	输出电压	3P4W，AC 380V/400V/415V±1%
	输出频率	47.5~52.5Hz 自振：50Hz±0.1%
	功率因数	0.8
	波形	正弦波
	电压失真度	≤1%（线性负荷）；≤3%（非线性负荷）
	峰值因数	3:1
整机规格	整流器	IGBT
	逆变器	IGBT
	柜体防护等级	IP20
	整机效率	最高94%

续表

整机规格	过载能力	125%，10min；150%，1min；200%，1s；＞200%，100ms
	噪声（正面1m处）	＜72dB
	工作温度	−5～40℃
	相对湿度	0～95%（无凝露）
	尺寸（$L \times W \times H$）	4500mm × 1000mm × 2000mm
	重量	2000kg

图 7−5−3 在线式不间断电源现场安装布置图

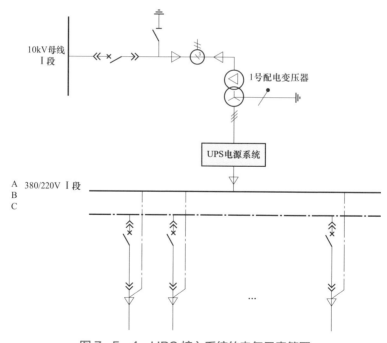

图 7−5−4 UPS 接入系统的电气示意简图

五、工程应用效果

1. 用户敏感设备对电压暂降的耐受能力提升

实施加装 UPS 和线路防雷改造的治理措施后，该用户生产设备停机事件由 2017 年的 4 次降低至 2018 年的 2 次，并且因加装了不间断电源，可编程逻辑控制器控制系统未发生宕机，生产设备停机过程在控制下平稳过渡，避免了精密设备的损坏，达到预期治理成效。

2. 投资效益分析

UPS 治理投资费用约 150 万元。该用户 2018 年因电压暂降造成的损失与 2017 年相比降低 3400 万元，综合经济效益优良。在社会效益上，通过该方案的实施，降低用户因电压暂降造成的损失，改善营商环境，吸引更多用户投资设厂，促进当地经济发展，增加电网公司售电营收。

六、技术适用场景

对于中小容量的暂降敏感用户，UPS 技术成熟，用户侧改造难度较低，工程运行情况良好。适用于由 110、220kV 等电压等级专线供电的、中小容量的半导体制造用户。

 [案例 7-6] 陕西某煤化工企业变频设备电压暂降防治

治理对象：变频器
治理问题：电压暂降
治理技术：变频器电压暂降保护技术
治理设备：直流侧治理设备
应用时间：2009 年 5 月

一、案例简介

某大型煤化工企业生产专用变压器于 2005 年投运，通过 110kV 输电线路并入地区电网。该企业以原煤为原料，进行精甲醇、液氧、液氮等煤化成品生产。自 2007 年下半年起，该企业出现多起因电压暂降造成的设备宕机、生产流水线中断事件，造成经济损失。

在用户关键流程设备馈电线路处加装直流侧治理设备后，有效改善了电压暂降对用户内部低压用电设备的影响。截至直流备用电源第一次更换电池时

（2011年3月），已抵御持续时间100ms以上的各类电压暂降11次，避免直接经济损失估值1000余万元。

二、问题分析

煤化工企业生产专用变压器通过110kV YJ I 线、YJ II 线接入地区电网，其电气主接线如图7-6-1所示。

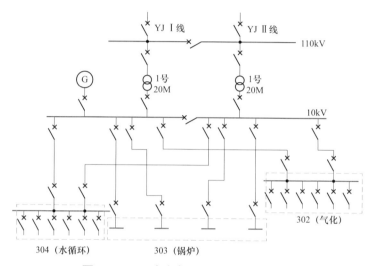

图7-6-1 生产专用变压器电气主接线

该企业内部主要生产流程包括水循环部分、动力部分（锅炉）、气化部分。典型生产设备包括循环水泵、搅拌器、吹风机、球磨机、增压泵等。为实现节能、调速、控制功能，以上设备多为变频器类设备。

变频器利用电力电子半导体器件的通断性能，将工频电源变换为指定频率的电能，目前生产企业广泛使用的变频器为交—直—交型变频器。变频器通常配备低压保护接触器，在遭遇电压暂降时（交流侧供电电压低于额定电压的70%），接触器自动脱扣，避免内部电力电子器件结温骤升引起设备损毁。

以用户专用变压器遭遇的一次电压暂降为例：2007年6月16日9时3分，110kV母线电压突然上升至123kV；9时5分，并联电容器过电压保护动作跳闸；9时6分，110kV母线电压U_{AB}、U_{CA}突然下降，导致循环水泵宕机。电能质量在线监测终端显示此次电压暂降持续时间55ms，线电压U_{AB}暂降残值电压标幺值0.64。

三、技术方案

根据国内外治理经验，除了供电企业加强输变电设备运维管理，最大程度上降低故障发生概率以外，在用户重要敏感设备处加装相关治理设备是最直接、有效的解决方法。

目前，电压暂降的主要防治技术包括不间断电源设备、动态电压调节器、统一电能质量调节器等。上述设备（除储能之外）多从交流侧采取措施对电压暂降进行防治，一次性投资成本较高。从投资经济性、后期运维难易程度、应用效果等多方面考虑，本案例结合变频器特点，从变频器直流母线着手，采用电池储能技术考虑解决方案。

由问题分析可知，各类用电设备的变频器运行情况决定了整个生产流程的正常运转。如果在电压暂降发生时，能够向变频器的直流母线提供足够能量，支撑直流母线电压水平，变频器就能避免结温升高，抵御电压暂降，从而保证生产的连续性。基于直流侧治理设备的电压暂降防治方案正是基于以上思路设计。该方案通过电池储能受控向外输出，在直流侧设置备用电源，其原理如图7-6-2所示。

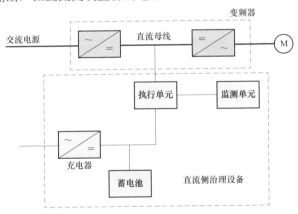

图7-6-2 电压暂降直流侧治理设备工作原理

电网供电正常时，执行单元（静态开关）处于关断状态，切断蓄电池与变频器的通路，直流支撑系统通过整流设备对蓄电池组进行浮充电；当交流电源低于变频器低压保护阈值时，监控系统触发执行单元瞬间导通，变频器瞬时从交流供电切换至蓄电池组供电。

四、工程情况

经过技术论证与经济测算，用户在10kV配电室安装了4组直流备用电源装置，如图7-6-3所示。直流侧治理设备安装位置如图7-6-4所示。

（a） （b）

图 7-6-3　10kV 配电室及直流侧治理设备

（a）配电室；（b）直流侧治理设备

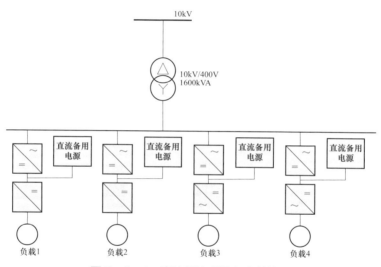

图 7-6-4　直流侧治理设备安装位置

工程配置技术参数见表 7-6-1。

表 7-6-1　　　　　　　直流侧治理设备配置技术参数

成套装置 （组）	电池容量 （Ah）	补偿容量 （kW）	占地面积 （m²）	总投资 （万元）
4	300	320	20	9.6

五、工程应用效果

直流侧治理设备安装调试工作于 2009 年 1 月开始，3 月中旬完成。截至装置电池第一次更换时（2011 年 3 月），已抵御持续时间 100ms 以上的电压暂降

11 次，避免直接经济损失 1000 余万元，远超项目投资金额。

六、技术适用场景

本案例结合用户敏感设备特点，采用直流侧治理设备解决变频器这类具有直流母线供电单元的敏感设备的电压暂降问题。与交流侧进行电压暂降支撑的方法相比较，直流侧治理设备具有切换速度快，无须外部供电、线路简单，故障率低等特点；其价格实惠，后备式支撑方式安全性高；每一个回路由单独的控制及执行单元组成，相互独立，互不干扰。但是电池维护成本较高，占地面积较大。直流侧治理方案在变频类设备电压暂降防治工作中有广泛的应用前景。

 [案例 7-7] 江苏某火电厂给粉机系统敏感设备电压暂降防治

治理对象：给粉机等辅机变频器
治理问题：电压暂降
治理技术：变频器电压暂降保护技术
治理设备：直流侧治理设备
应用时间：2015 年 5 月

一、案例简介

2014 年 5 月，江苏某火电厂因给粉机变频器受到电压暂降而造成跳闸，电厂有功出力由 569MW 降为 295MW，有功出力降低 274MW，影响电厂的正常生产工作。

采用直流侧附加升压拓扑的电压暂降防治技术，对传统变频器进行改进。完成改造的给粉机等辅机变频器能够在系统电压跌落至 30% 且持续较长时间下不灭火、不跳闸。在不参与给粉机变频器控制、不影响变频器正常停车的情况下，提高了火电厂低电压穿越能力，确保了锅炉安全正常生产。

二、问题分析

火电厂主要包括燃烧系统、汽水系统和电气系统三大部分。其中，燃烧系统中的给粉机是火电厂的重要辅机设备，目前大多采用变频调速方式运行。国家能源局发布《发电厂及变电站辅机变频器高低电压穿越技术规范》（DL/T 1648—2016）规定：电压降至 90% 额定值时，保证辅机不间断运行；电压降至 60% 额定值时，暂降持续时间小于 5s 的情况下，保证辅机不间断运行；电压降至 20% 额定值时，暂降持续时间小于 0.5s 的情况下，保证辅机不间断运行。

该火电厂给粉机母线电压在故障期间跌落幅度约 40%，故障导致电厂有功出力大幅降低，反映出给粉机变频器电压暂降耐受能力较差的问题。电压暂降变化曲线如图 7 - 7 - 1 所示。

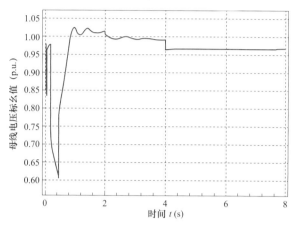

图 7 - 7 - 1　电压暂降变化曲线

变频器是由整流器和逆变器两部分组成，变频器具有过电压、失电压和瞬间停电等相应保护功能。逆变器件采用绝缘栅双极型晶体管，当出现失电压或停电状况后，电压跌落超过其低电压保护值，变频器一般允许继续工作 100ms，当超过时间阈值，变频器将自我保护，停止运行。

三、技术方案

1. 技术方案比选

根据变频器低电压保护原理可知，当直流母排电压低于低电压保护值时，只要在动作时限内使得变频器电源电压稳定，变频器就不会因低电压保护动作而停止工作。因此，提高变频器电压暂降耐受能力的措施一般采用以下方案：

（1）取消变频器低压保护设置，设置快速重启。

（2）增大变频器内部补偿电容的容量，增长动作时限。

（3）接入交流在线不间断电源。

虽然上述方案能在一定程度上改善变频器性能，但均存在弊端：方案（1）缺点是重要电动机的停止、重启会增加锅炉爆燃风险，另外低压往往会表现为变频器的过电流保护，而取消过电流保护会增加变频器本身损坏隐患；方案（2）缺点是目前市场上低功率变频器中没有很大的补偿电容，使得动作时限难以超过 1s；方案（3）缺点是交流在线不间断电源一次性投资大，后期维护成本较高，不能和锅炉分散控制系统联锁保护配合，安全性低。

因此，本案例改进炉膛安全给粉系统，采用电压暂降直流侧治理设备。直流侧治理设备构成示意图如图7-7-2所示。

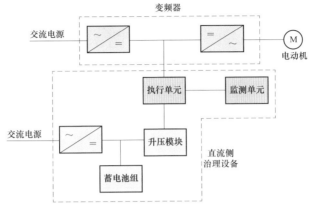

图7-7-2 直流侧治理设备构成示意图

直流侧治理设备由充电器、蓄电池组、监测单元等组成。监测单元和人机操作界面组成监控系统，具有充电模块输出电压设定、充电电流限值设定、运行参数显示、故障报警存储、事件记录及蓄电池状态监测和直流回路状态监测功能，并可通过485总线和主站通信。执行单元是系统的主控部分，是炉膛安全监控系统的连锁控制和变频器运行状态的控制部分，负责监测各种交直流电源信号、保护动作信号，控制直流支撑系统的备用、投运和退出过程。每一回路都由检测、控制和执行单元三部分组成。

2. 直流侧治理设备工作原理

直流侧治理设备的工作原理图如图7-7-3所示。当系统电压正常时，给粉机的交流电源通过开关接入变频器交流输入端，交流电源提供变频器驱动电动机的能量。变频器直流母线电压为567V。当锅炉保护未动作，变频器交流电源正常时，接触器闭合。充电器和蓄电池提供直流侧治理设备的电源电压为300V，模块在空载时输出电压为462V左右。当投入直流支撑功能时，手动闭合QF开关。因支撑电压低于变频器直流母线电压，故压差控制单元不导通。一旦交流电源中断或电压下降，变频器母线电压低于支撑电压值，压差控制元件导通，直流侧治理设备的输出电压自动升至500V左右，对变频器的直流母线提供直流支撑，使变频器在欠电压状态下平稳过渡，过渡时间小于低压保护动作时限，使生产装置设备达到无间断连续运行的目的。期间，变频器的输出功率、电流等参数均控制在正常范围内。当交流电源恢复，变频器直流母线电压自动恢复至567V，压差控制单元自动截止，直流支撑功能自动退出。当设定的支撑时间（一般定为 3～5s）结束、锅炉保护动作或变频器故障，监控单元发出停止指令断开接触器，直流支撑功能自动退出，确保系统安全可靠工作。

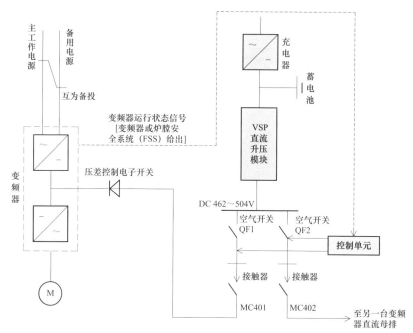

图 7-7-3　直流侧治理设备工作原理图

四、工程情况

该厂应用直流侧治理设备改进炉膛安全给粉系统，如图 7-7-4 所示。考虑设备敏感性、重要性与投资经济性，治理设备主要电气参数及技术指标见表 7-7-1。

(a)

(b)

图 7-7-4　直流侧治理设备安装图

（a）场景一；（b）场景二

表 7−7−1　　　　直流侧治理设备主要电气参数及技术指标

项目	参数	项目	参数
DC 输入电压（V）	200	短时过载电流（A）	90
最小 DC 输入电压（V）	180	瞬间冲击电流（A）	200
最大 DC 输入电压（V）	300	设备支撑时间（s）	3
输出稳态 DC 电压（V）	480±5%	断电支撑时间（ms）	20
满载负荷电流（A）	78	设备效率（%）	98

五、工程应用效果

（1）电压暂降直流侧治理设备与变频器组成的电机不停电系统具有可靠的系统安全性。该设备与变频器是分布式结构，应用后完全不影响原有变频器的使用方式及性能，在母线电压正常时该系统仅作为后备电源，投入和退出不会对变频器产生任何影响。

（2）在检测维修时，每个回路的设备均可单独与母线分离，以便于维修。

（3）该设备可提高炉膛安全监控系统和给粉机系统连锁跳闸的安全系数，确保主燃料跳闸动作时，给粉机系统准确跳闸停止运行，不会因为拒动或误动增加爆炉危险。

图 7−7−5 的电压暂降波形图包含了不同暂降深度及不同持续时间的多种类型电压暂降波形图，图中紫色波形为变频器交流输入电压波形，蓝色为直流输出波形，可见在暂降发生期间，暂降治理设备起到了有效的支撑作用。

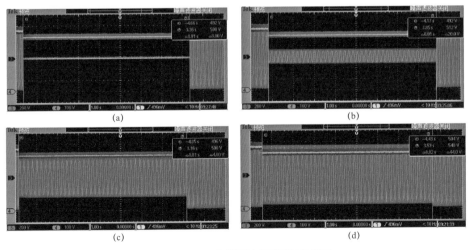

图 7−7−5　多类型电压暂降波形图

（a）短时中断波形；（b）暂降至 20% 时的波形；（c）暂降至 60% 时的波形；（d）暂降至 90% 时的波形

六、技术适用场景

本案例基于直流电压支撑技术改进炉膛安全给粉系统，大大降低了火电厂燃煤锅炉的给粉机变频器电压暂降跳闸风险。直流侧治理设备输出电压稳定，可根据负载需要调节，突破了常规治理方案的暂降响应极限，实现了微秒级暂降事件响应，满足了不同暂降深度、持续时间、电压等级、容量的需求，提升了火电厂的供电品质。

针对火电厂/热电厂、新建电厂或电厂配网可靠性较高、现场空间有限具有直流母线的变频器设备的应用的场景，使用直流侧治理设备可实现稳定供电，并大大减少投资成本和运行维护成本。在出现过深度低电压穿越，且持续时间最大到 3s 的应用场景时，建议采用直流侧治理设备加少量蓄电池的形式实现电压支撑，确保平稳运行。

附录 A　电能质量主要标准

一级体系	二级体系	序号	标准编号	标准名称
定义与术语		1	GB/T 32507—2016	电能质量　术语
		2	NB/T 41004—2014	电能质量现象分类
		3	DL/T 1194—2012	电能质量术语
指标与限值		4	GB/T 156—2017	标准电压
		5	GB/T 12325—2008	电能质量　供电电压偏差
		6	GB/T 12326—2008	电能质量　电压波动和闪变
		7	GB/T 14549—1993	电能质量　公用电网谐波
		8	GB/T 15543—2008	电能质量　三相电压不平衡
		9	GB/T 15945—2008	电能质量　电力系统频率偏差
		10	GB/T 18481—2001	电能质量　暂时过电压和瞬态过电压
		11	GB/T 24337—2009	电能质量　公用电网间谐波
		12	GB/T 30137—2013	电能质量　电压暂降与短时中断
接入系统要求	干扰源接入	13	DL/T 1344—2014	干扰性用户接入电力系统技术规范
	电气化铁路接入	14	Q/GDW 11623—2017	电气化铁路牵引站接入电网导则
	风电场接入	15	GB/T 19963—2011	风电场接入电力系统技术规定
		16	NB/T 31005—2011	风电场电能质量测试方法
		17	Q/GDW 630—2011	风电场功率调节能力和电能质量测试规程
	光伏电站接入	18	GB/T 31365—2015	光伏发电站接入电网检测规程
		19	NB/T 32005—2013	光伏发电站低电压穿越检测技术规程
		20	NB/T 32006—2013	光伏发电站电能质量检测技术规程
	分布式电源接入	21	NB/T 32015—2013	分布式电源接入配电网技术规定
		22	NB/T 33011—2014	分布式电源接入电网测试技术规范
	电动汽车充换电	23	Q/GDW 11178—2013	电动汽车充换电设施接入电网技术规范
	储能系统	24	Q/GDW 1564—2014	储能系统接入配电网技术规定
	微电网	25	GB/T 34129—2017	微电网接入配电网测试规范
评估	性能评估	26	GB/Z 18039.7—2011	电磁兼容　环境　公用供电系统中的电压暂降、短时中断及其测量统计结果
		27	DL/T 1208—2013	电能质量评估技术导则　供电电压偏差

续表

一级体系	二级体系	序号	标准编号	标准名称
评估	性能评估	28	DL/T 1375—2014	电能质量评估技术导则 三相电压不平衡
		29	DL/T 1724—2017	电能质量评估技术导则 电压波动与闪变
		30	Q/GDW 1818—2013	电压暂降与短时中断评价方法
		31	Q/GDW 10651—2015	电能质量评估技术导则
测量与监测	测量方法	32	GB/T 17626.7—2017	电磁兼容 试验和测量技术 供电系统及所连设备谐波、间谐波的测量和测量仪器导则
	监测设备	33	GB/T 17626.15—2015	电磁兼容 试验和测量技术 闪烁仪功能和设计规范
		34	GB/T 17626.30—2012	电磁兼容 试验和测量技术 电能质量测量方法
		35	GB/T 19862—2016	电能质量监测设备通用要求
		36	DL/T 1227—2013	电能质量监测装置技术规范
		37	DL/T 1228—2013	电能质量监测装置运行规程
	监测设备检测	38	GB/T 35725—2017	电能质量监测设备自动检测系统通用技术要求
		39	DL/T 1028—2006	便携式电能质量测试仪检定规程
		40	DL/T 1862—2018	电能质量监测终端检测技术规范
		41	Q/GDW 1650.4—2016	电能质量监测技术规范 第 4 部分：监测终端检验
	监测系统	42	DL/T 1297—2013	电能质量监测系统技术规范
		43	Q/GDW 1650.1—2014	电能质量监测技术规范 第 1 部分：电能质量监测主站
		44	Q/GDW 1650.3—2014	电能质量监测技术规范 第 3 部分：监测终端与主站间通信协议
技术监督及管理	电能质量技术监督	45	DL/T 1053—2017	电能质量技术监督规程
		46	DL/T 1198—2013	电力系统电能质量技术管理规定
	无功补偿设备	47	Q/GDW 1177—2015	高压静止无功补偿装置及静止同步补偿装置技术监督导则
设备发射及抗扰测试	电磁兼容：设备扰动发射限值	48	GB 17625.1—2012	电磁兼容 限值 谐波电流发射限值（设备每相输入电流≤16A）
		49	GB 17625.2—2007	电磁兼容 限值 对每相额定电流≤16A 且无条件接入的设备在公用低压供电系统中产生的电压变化、电压波动和闪烁的限制
		50	GB/Z 17625.3—2000	电磁兼容 限值 对额定电流大于 16A 的设备在低压供电系统中产生的电压波动和闪烁的限制
		51	GB/Z 17625.4—2000	电磁兼容 限值 中、高压电力系统中畸变负荷发射限值的评估

续表

一级体系	二级体系	序号	标准编号	标准名称
设备发射及抗扰测试	电磁兼容：设备扰动发射限值	52	GB/Z 17625.5—2000	电磁兼容 限值 中、高压电力系统中波动负荷发射限值的评估
		53	GB/Z 17625.6—2003	电磁兼容 限值 对额定电流大于 16A 的设备在低压供电系统中产生的谐波电流的限制
		54	GB/T 17625.7—2013	电磁兼容 限值 对额定电流≤75A 且有条件接入的设备在公用低压供电系统中产生的电压变化、电压波动和闪烁的限制
	发电厂变电站辅机变频器	55	DL/T 1648—2016	发电厂及变电站辅机变频器高低电压穿越技术规范
控制技术	配置导则	56	GB/T 31460—2015	高压直流换流站无功补偿与配置技术导则
		57	NB/T 41005—2014	电能质量控制设备通用技术要求
	控制技术	58	GB/Z 29630—2013	静止无功补偿装置系统设计和应用导则
		59	DL/T 597—2017	低压无功补偿控制器使用技术条件
		60	DL/T 1010—2006（1～5 部分）	高压静止无功补偿装置（系统设计、晶闸管阀试验、控制系统、现场试验、密封式水冷却装置）
		61	DL/T 1216—2013	配电网静止同步补偿装置技术规范
		62	DL/T 1298—2013	静止无功补偿装置运行规程
		63	DL/T 5014—2010	330kV～750kV 变电站无功补偿装置设计技术规定
		64	DL/T 1773—2017	35kV～220kV 变电站无功补偿装置设计技术规定
		65	SD 325—1989	电力系统电压和无功电力技术导则
	滤波装置	66	GB/T 26868—2011	高压滤波装置设计与应用导则
		67	GB/T 26870—2011	滤波器和并联电容器在受谐波影响的工业交流电网中的应用
		68	DL/T 379—2010	低压晶闸管投切滤波装置技术规范
		69	DL/T 1796—2017	低压有源电力滤波装置技术规范
		70	JB/T 10932—2010	低压电力滤波装置
	并联电抗	71	DL/T 1217—2013	磁控型可控并联电抗器技术规范
	串联补偿	72	Q/GDW 659—2011	串联电容器补偿装置状态评价导则
		73	Q/GDW 10661—2015	串联电容器补偿装置交接试验规程
	定制电力技术	74	DL/T 1226—2013	固态切换开关技术规范
		75	DL/T 1229—2013	动态电压恢复器技术规范
		76	DL/T 1412—2015	优质电力园区供电技术规范
		77	Q/GDW 681—2011	动态电压恢复器技术规范

附录 B 电能质量主要指标

标准编号	标准名称	允许限值	说明
GB/T 14549—1993	电能质量 公用电网谐波	(1) 谐波电压（相电压）限值。<table><tr><td rowspan="2">电网标称电压 kV</td><td rowspan="2">电压总谐波畸变率 %</td><td colspan="2">各次谐波电压含有率，%</td></tr><tr><td>奇次</td><td>偶次</td></tr><tr><td>0.38</td><td>5.0</td><td>4.0</td><td>2.0</td></tr><tr><td>6</td><td rowspan="2">4.0</td><td rowspan="2">3.2</td><td rowspan="2">1.6</td></tr><tr><td>10</td></tr><tr><td>35</td><td rowspan="2">3.0</td><td rowspan="2">2.4</td><td rowspan="2">1.2</td></tr><tr><td>66</td></tr><tr><td>110</td><td>2.0</td><td>1.6</td><td>0.8</td></tr></table> (2) 谐波电流允许值。 公共连接点的全部用户向该点注入的谐波电流分量（方均根值）不应超过标准表 2 中规定的允许值。同一公共连接点的每个用户向电网注入的谐波电流允许值按此用户在该点的协议容量与其公共连接点的供电设备容量之比进行分配	(1) 测量点为 PCC，取实测 95%概率值； (2) 对用户允许产生的谐波电流，提供计算方法； (3) 对测量方法和测量仪器做出规定
GB/T 15543—2008	电能质量 三相电压不平衡	(1) 正常允许 2%，短时不超过 4%； (2) 每个用户一般不超过 1.3%，短时不超过 2.6%	(1) 各电压等级要求一样； (2) 衡量点为 PCC，取 95%概率值； (3) 对测量方法和测量仪器做出基本规定； (4) 提出不平衡度算法
GB/T 15945—2008	电能质量 电力系统频率偏差	(1) 正常允许±0.2Hz，根据系统容量可放宽至±0.5Hz； (2) 冲击负荷系统频率变化±0.2Hz，可适当放宽	对测量方法和仪器提出了基本要求
GB/T 12325—2008	电能质量 供电电压偏差	(1) 35kV 及以上供电电压正、负偏差的绝对值之和不超过标称系统电压的 10%； (2) 20kV 及以下三相供电电压允许偏差为标称系统电压的±7%； (3) 220V 单相供电电压允许偏差为标称系统电压的 +7%、−10%	衡量点为供电产权分界处或计量点

续表

标准编号	标准名称	允许限值	说明
GB/T 12326—2008	电能质量　电压波动和闪变	**表 1　　　电压波动限值** | r（电压变动频度）	d（电压变动，%）	
	LV（低压），MV（中压）	HV（高压）
$r\leqslant1$	4	3
$1<r\leqslant10$	3*	2.5*
$10<r\leqslant100$	2	1.5
$100<r\leqslant1000$	1.25	1 | **表 2　　　闪变限值** | P_{lt}	
$\leqslant110kV$	$>110kV$
1	0.8		（1）衡量点为 PCC 点； （2）对测量方法和仪器提出了基本要求
GB/T 24337—2009	电能质量　公用电网间谐波	**表 1　间谐波电压含有率限值（%）** | 电压等级	频率/Hz	
	<100	100～800
1000V 及以下	0.2	0.5
1000V 以上	0.16	0.4 | 注：频率 800Hz 以上的间谐波电压限值还处于研究中，频率低于 100Hz 限值的主要依据见附录 A **表 2　单一用户间谐波电压含有率限值（%）** | 电压等级	频率/Hz	
	<100	100～800
1000V 及以下	0.16	0.4
1000V 以上	0.13	0.32		（1）衡量点为 PCC 点； （2）对测量取值和条件提出了基本要求
GB/T 30137—2013	电能质量　电压暂降与短时中断	无限值要求	（1）电压暂降与短时中断事件统计方法； （2）提出电压暂降与短时中断的检测

索　引

A　电能质量问题

A.1　谐波

A.2　三相不平衡

B　治理设备

B.1　无源滤波器（PF）

B.2　有源滤波器（APF）

B.3　静止无功补偿器（TSC/TCR/SVC）

B.4　静止无功发生器（SVG/STATCOM）

B.5　三相不平衡治理（换相开关、三相不平衡调节装置）

B.6　不间断电源（UPS）

B.7　转换开关（TS）

B.8　动态电压恢复器（DVR）

B.9　直流侧治理设备

B.10　其他治理设备（感应滤波）

B.11　综合治理设备

参 考 文 献

[1] 王兆安,杨君,刘进军,等. 谐波抑制与无功补偿 [M]. 北京:机械工业出版社,2015.

[2] Das J C. Passive filters–potentialities and limitations [J]. IEEE Transactions on Industry Applications,2004,40(1):232–241.

[3] 汤赐,罗安,范瑞祥,等. 新型注入式混合有源滤波器应用中的问题 [J]. 中国电机工程学报,2008,28(18):47–53.

[4] Geroge J Wakileh. 电力系统谐波——基本原理、分析方法和滤波器设计 [M]. 徐政,译. 北京:机械工业出版社,2003.

[5] 李勇. 感应滤波理论及其在直流输电系统中的应用研究 [D]. 长沙:湖南大学,2011.

[6] 罗安. 电网谐波治理和无功补偿技术及装备 [M]. 北京:中国电力出版社,2006.

[7] 罗隆福,陈跃辉,周冠东,等. 谐波和负序治理理论与新技术应用 [M]. 北京:中国电力出版社,2017.

[8] Corasaniti V F,Barbieri M B,Arnera P L,et al. Hybrid power filter to enhance power quality in a medium–voltage distribution network [J]. IEEE Transactions on Industrial Electronics,2009,56(8):2885–2893.

[9] Lei Wang,Chi–Seng Lam,Man–Chung Wong. Hybrid Structure of Static Var Compensator and Hybrid Active Power Filter(SVC//HAPF)for Medium–Voltage Heavy Loads Compensation[J]. IEEE Transactions on Industrial Electronics,2018,65(6):4432–4442.

[10] Shuai Z K,Luo A,Zhu W J,et al. Study on a novel hybrid active power filter applied to a high–voltage grid[J]. IEEE Transactions on Power Delivery,2009,24(4):2344–2352.

[11] Mostafa S. Hamad,Mahmoud I. Masoud,Barry W. Williams,et al. Medium–Voltage 12–Pulse Converter:Output Voltage Harmonic Compensation Using a Series APF [J]. IEEE Transactions on Industrial Electronics,2014,61(1):43–52.

[12] 范瑞祥. 并联混合型有源电力滤波器的理论与应用研究 [D]. 长沙:湖南大学,2007.

[13] 帅智康,罗安,涂春鸣,等. 注入式混合型有源电力滤波器在工程中的应用 [J]. 电工技术学报,2008,23(5):128–136.

[14] 胡斯佳,张志文,李勇,等. 一种绕组补偿式电气化铁路电能质量控制系统 [J]. 中国电机工程学报,2014,34(13):2140–2150.

[15] Lei Wang,Chi–Seng Lam,Man–Chung Wong. A Hybrid–STATCOM with Wide Compensation Range and Low DC–link Voltage [J]. IEEE Transactions on Industrial Electronics,2016,63(6):3333–3343.

［16］Tzung－Lin Lee，Shang－Hung Hu，Yu－Hung Chan. D－STATCOM With Positive－Sequence Admittance and Negative－Sequence Conductance to Mitigate Voltage Fluctuations in High－Level Penetration of Distributed－Generation Systems ［J］. IEEE Transactions on Industrial Electronics，2013，60（4）：1417－1428.

［17］Rui Luo，Yingjie He，Jinjun Liu，Research on the Unbalanced Compensation of Delta－Connected Cascaded H－Bridge Multilevel SVG ［J］. IEEE Transactions on Industrial Electronics，2018，65（11）：8667－8676.

［18］Abdul Mannan Rauf，Vinod Khadkikar. An Enhanced Voltage Sag Compensation Scheme for Dynamic Voltage Restorer ［J］. IEEE Transactions on Industrial Electronics，2015，62（5）：2683－2692.

［19］Peng Li，Lili Xie，Jiawei Han，et al. A New Voltage Compensation Philosophy for Dynamic Voltage Restorer to Mitigate Voltage Sags Using Three－Phase Voltage Ellipse Parameters ［J］. IEEE Transactions on Power Electronics，2019，33（2）：1154－1166.

［20］徐永海，陶顺，肖湘宁，等. 现代电能质量技术丛书 电网中电压暂降和短时间中断 ［M］. 北京：中国电力出版社，2016.

［21］莫文雄，肖先勇，王勇. 敏感设备与过程电压暂降免疫力 ［M］. 广州：华南理工大学出版社，2018.

［22］H. Mokhtari，S.B. Dewan，M.R. Iravani，Analysis of a Static Transfer Switch with Respect to Transfer Time ［J］. IEEE Transactions on Power Delivery，2002，17（1）：190－199.

［23］H Mokhtari，S B Dewan，M R Iravani. Effect of Regenerative Load on a Static Transfer Switch Performance ［J］. IEEE Transactions on Power Delivery，2001，16（4）：619－624.

［24］Arijit Banerjee，Steven B Leeb，James L Kirtley. Solid－State Transfer Switch Topologies for a Switched Doubly Fed Machine Drive ［J］. IEEE Transactions on Power Electronics，2016，31（8）：5709－5720.

［25］王久和，孙凯，张巧杰. 统一电能质量调节器及其无源控制 ［M］. 北京：机械工业出版社，2018.

［26］Vinod Khadkikar，Ambrish Chandra. UPQC－S：A Novel Concept of Simultaneous Voltage Sag/Swell and Load Reactive Power Compensations Utilizing Series Inverter of UPQC ［J］. IEEE Transactions on Power Electronics，2011，26（9）：2414－2425.

［27］Morris Brenna，Roberto Faranda，Enrico Tironi. A New Proposal for Power Quality and Custom Power Improvement：OPEN UPQC ［J］. IEEE Transactions on Power Delivery，2009，24（4）：2107－2116.

［28］汤其彩. 统一电能质量调节器（UPQC）的补偿控制策略研究 ［D］. 武汉：武汉科技大学，2007.